KANBAN

IM PROZESS-
UND PROJEKTMANAGEMENT
(KLASSISCH I AGILE I LEAN I HYBRID)

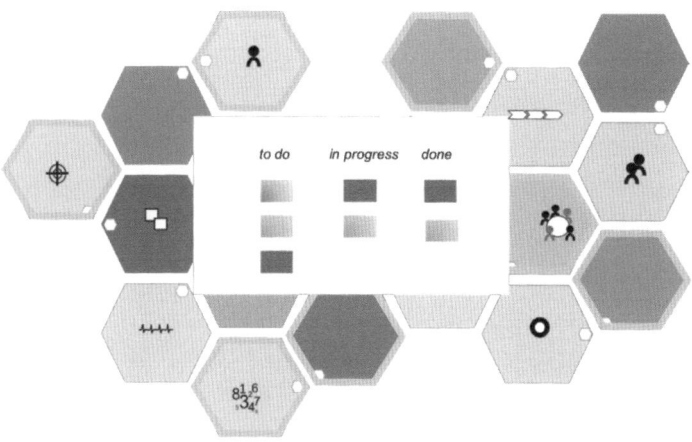

Die Zukunft der Arbeit gestalten, kollaborativ führen, Prozesse nachhaltig optimieren, Ziele erreichen

Bibliografische Information der Deutschen Nationalbibliothek

Die Deutsche Nationalbibliothek verzeichnet diese Publikation in der Deutschen Nationalbibliografie; detaillierte bibliografische Daten sind im Internet über http://dnb.de abrufbar.

Wir sind ein relativ junger Verlag und sehr dankbar für jede Art von Feedback. Sollten Sie daher Anregungen oder Fragen haben, würden wir uns sehr freuen, von Ihnen zu lesen.
info@cherrymedia.de

Neuauflage
Alle Rechte, insbesondere Verwertung und Vertrieb der Texte, Tabellen und Grafiken, vorbehalten.

Copyright © 2021 by Cherry Media

978-3-96583-422-4 Softcover
978-3-96583-423-1 Hardcover
978-3-96583-424-8 Kindle eBook

Lektorat: Matthias Kramer

Buchsatz: coverboutique.de

Druck/Auslieferung:
WirMachenDruck/Runge Verlagsauslieferung

Impressum:
Cherry Media GmbH
Bräugasse 9
94469 Deggendorf
Deutschland

Weitere Informationen zum Verlag finden Sie unter:
www.cherrymedia.de

Wir wünschen viel Vergnügen beim Lesen!

KANBAN

IM PROZESS-
UND PROJEKTMANAGEMENT
(KLASSISCH I AGILE I LEAN I HYBRID)

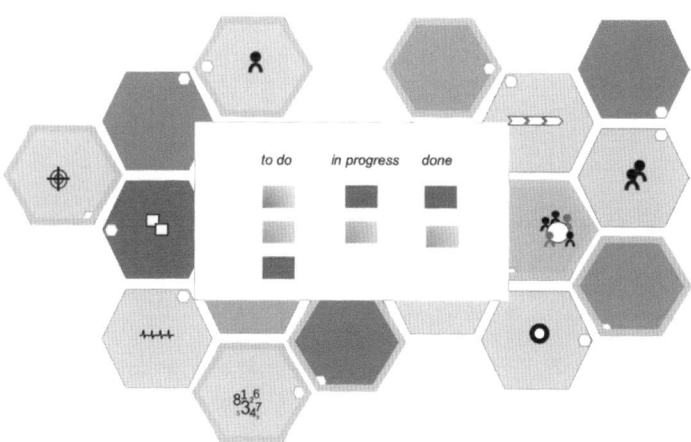

**Die Zukunft der Arbeit gestalten, kollaborativ führen,
Prozesse nachhaltig optimieren, Ziele erreichen**

Kostenfreies eBook & Hörbuch inklusive
Beim Kauf jedes Taschenbuches von Cherry Media ist das **eBook, spannende Bonusinhalte** sowie das **Hörbuch kostenfrei** für Sie **inkludiert**. Gehen Sie dazu einfach auf

https://link.cherrymedia.de/EPUB

oder scannen Sie den abgebildeten QR Code. Auf der Website können Sie dann Ihren einmalig gültigen Zugangscode eingeben.

Den **Zugangscode** zu Ihrem kostenfreien eBook, Hörbuch und zu den Bonusinhalten finden Sie auf der Seite: **„Zugangscode - Kostenfreies e-Book" auf Seite 325.** Wir wünschen **viel Freude** mit Ihren **kostenfreien** Inhalten!

Haben Sie Fragen zu Ihrem eBook? Wir sind gerne für Sie da! Sie erreichen Sie uns unter info@cherrymedia.de
https://link.cherrymedia.de/EPUB

Inhalt

Vorwort

Globalisierung und Digitalisierung schaffen eine immer komplexere Welt. Die dadurch notwendigen Anpassungen führen zu vielschichtigen Veränderungen innerhalb von Organisationen. In der heutigen Arbeitswelt ist die Veränderung ein ständiger Begleiter. Das Zitat „Nichts ist so beständig wie der Wandel" (Heraklit von Ephesus, 535-475 v. Chr.) lockt bei vielen Mitarbeitern nicht mal mehr ein Lächeln hervor. Sie befinden sich nicht nur in diesem Wandel, sie müssen diesen tagtäglich gestalten.

Unternehmen breiten sich immer weiter global aus. Das Produktportfolio wird stetig erweitert. Produktlebenszyklen werden kürzer. Mergers & Acquisitions gehören zum Tagesgeschäft. Die Prozess- und IT-Landschaft wird kontinuierlich verändert.

Standard-Prozesse werden digitalisiert und sind womöglich schon automatisiert. Möglichkeiten der Digitalisierung beschleunigen den Wandel. Die viel beachtete Studie von Frey und Osborne hatte zum Ergebnis, dass für die bestehenden Arbeitsplätze von 47% aller Beschäftigten in den USA ein hohes Risiko für den Jobverlust besteht.[1] Auch wenn das Ergebnis diskutiert werden kann, die Arbeitswelt wird sich grundlegend verändern. Die Teilung in automatisierte Standard-Prozesse und kreative Wissensarbeit wird sich weiter verstärken. Dabei werden Teile in Projekten abgebildet, große Teile befinden sich aber auch in einem Graubereich zwischen Prozess und

---

1   Carl B. Frey & Michael A. Osborne, *The Future of Employment: HOW SUSCEPTIBLE ARE JOBS TO COMPUTERISATION?* (Oxford: Oxford Martin Programme on Technology and Employment).

Projekt. Diese Arbeitswelt stellt Mitarbeiter also vor neue Herausforderungen.

Zahlreiche Studien belegen eine starke Unzufriedenheit unter Mitarbeitern und auch Führungskräften. Nach einer internationalen Studie werden nur 10% der Mitarbeiter in Westeuropa als engagiert eingestuft.[2] Dies sind die Mitarbeiter, die Innovationen und Performance und damit die gesamte Organisation vorantreiben.

Mitarbeiter sind frustriert und Kunden unzufrieden: Die Komplexität steigt, die Vorhersage, wann und was zu liefern ist, wird schwieriger und die Arbeitssituation ist nicht zufriedenstellend. Gestresste Menschen wechseln zwischen Aufgaben hin und her, fühlen sich unter Druck gesetzt, etwas zu liefern, auf das niemand stolz ist, und sind frustriert, weil sie keine Kontrolle über das Geschehen haben.[3] Von allen Beteiligten lässt sich ein Wunsch formulieren, den Mike Burrows Zitat zusammenfasst: „Stop starting, start finishing!"[4]

Das Verständnis zu Arbeit und zur Veränderung wandelt sich. Wer kann und möchte in diesem Tempo den Wandel mitgehen oder sogar gestalten und wie lange? „Wenn das Leben nur noch aus Zielen und Zahlen, Meilensteinen und Abgabeterminen, einem weiteren Change Programm und einer bereichsübergreifenden Initiative be-

---

2   *State of the global workplace* (New York, NY: Gallup Press, 2017), S. 76.

3   *Christophe Achouiantz and Johan Nordin, The Kanban Kick-start Field Guide: Create the Capability to Evolve*

4   Mike Burrows, Florian Eisenberg & Wolfgang Wiedenroth, *Kanban: Verstehen, einführen, anwenden*, 1st ed. (Heidelberg: dpunkt.verlag, 2015), S. 8.

steht, dann stellen sich einige Menschen die Frage nach dem Sinn des Ganzen."[5]

Welche Rahmenbedingen sind notwendig, um Arbeit in eine neue Richtung zu bringen?

Neue Arbeit beinhaltet nicht nur neue Organisationsformen, neue schicke Arbeitsplätze oder Arbeitszeitmodelle. Kollaborative Wissensarbeit benötigt neue Methoden, die sowohl der Zielerreichung, als auch den Mitarbeitern dienen.

KANBAN bietet eine Möglichkeit, Arbeit zu strukturieren und in den angestrebten Fluss zu versetzen. Der Begriff „kanban" (klein geschrieben) kommt ursprünglich aus der Produktion und wurde dort von Toyota schon in den 50er Jahren als ein Material-Planungskonzept entwickelt. Für den Begriff „kanban" gibt es aus dem Japanischen mehrere Übersetzungen. Die Bezeichnung Karte oder Signal-Karte ist am gebräuchlichsten. Heute sind die Ansätze des Toyota-Produktionssystems (TPS) in der Logistik und der Produktion von Industrieunternehmen weit verbreitet. Beeinflusst von den Ansätzen der System-Theorie und des TPS bzw. Lean Managements sowie den aufkommenden agilen Ansätzen wurde Anfang der 2000er Jahre Kanban als Methode für die Softwareentwicklung eingeführt. Es wird hierfür auch der Begriff IT-Kanban verwendet.[6] Hierbei gelten insbesondere die Ansätze von David Anderson, der sich intensiv mit alternativen Herangehensweisen innerhalb der Software-Entwicklung be-

---

5   Frederic Laloux, Mike Kauschke & Etienne Appert, *Reinventing Organizations visuell: Ein illustrierter Leitfaden zur Gestaltung sinnstiftender Formen der Zusammenarbeit*, 2017, S. 29.

6   Ayelt Komus, *Status Quo (Scaled) Agile: 4. Studie zu Nutzen und Erfolgsfaktoren agiler Methoden*, 2020, p. S, https://www.hs-koblenz.de/index.php?id=7169.

schäftigt hat, als wichtige Grundlage. Kanban wurde seitdem in vielen Unternehmen innerhalb der IT erfolgreich eingesetzt.

Die offene Gestaltung von Kanban ermöglicht aber einen vielseitigen Einsatz außerhalb der Softwareentwicklung. In der vorliegenden Literatur liegt der Schwerpunkt aber noch deutlich auf der Entwicklung von Software.

In Teil I dieses Buches werden die Entwicklung, Grundlagen und Hintergründe von Kanban vorgestellt. Im Teil II wird der Einsatz von KANBAN in Projekten und Prozessen in einer übersichtlichen, praxisnahen Sichtweise beschrieben.

Im ersten Kapitel werden zum Einstieg aktuelle Entwicklungen und Hintergründe beschrieben. Es wird ein Blick auf die Organisation und ihre Ebenen gelegt, um die Grundlage für die Einsatzpunkte von Kanban zu schaffen und die Veränderungen, die durch Kanban entstehen, systematisch aufzuzeigen.

Im zweiten Kapitel werden wichtige Grundlagen auf dem Weg zu Kanban vorgestellt. Den Einstieg bildet die Betrachtung des klassischen Projektmanagements und des Wasserfall-Modells. Dann wird in das agile Management eingestiegen und als bekanntestes Beispiel Scrum genauer beschrieben. Folgend wird auf wichtige Inspirationen für Kanban eingegangen. Hier werden die Theory of Constraints, das Toyota-Produktionssystem und Lean Management beschrieben. Den Abschluss bildet die erste Kanban-Anwendung des XIT-Cases.

Die erste und offensichtlichste Assoziation in Bezug auf Kanban ist das Kanban-Board mit den Karten. Oft wird Kanban auch auf diese Visualisierung beschränkt. Der Aufbau und die Funktionsweise des Boards sowie der Karten werden im dritten Kapitel detailliert vorgestellt.

Um die Arbeit wirklich in Fluss zu setzen, ist nur die Einführung eines Kanban-Boards nicht ausreichend. Hierzu muss das Kanban-System gestaltet und eine Reihe von Parametern festgelegt werden. Diese Parameter werden in Kapitel vier vorgestellt.

Damit Kanban zu einer wirklichen nachhaltigen Veränderung in der Organisation führt, muss, neben dem Kanban-Board und -System, eine neue Denkweise etabliert werden. Die Grundzüge dieser Denkweise mit den wesentlichen Grundprinzipien und Kerneigenschaften werden im fünften Kapitel dargestellt.

Die Kapitel 3 bis 5 orientieren sich stark an den Grundlagen von Anderson, Burrows und weiteren und damit an der Nutzung innerhalb der IT.

In zweiten Teil wird ein universeller Ansatz für die Einführung und Nutzung von KANBAN (in Großbuchstaben – allgemeingültige Nutzung) in Projekten und Prozessen entwickelt.

In Kapitel 6 wird die Einführung und Nutzung von KANBAN beschrieben. Hier wird schrittweise die Vorgehensweise sowie die Elemente des KANBAN-Systems beschrieben.

Die Einsatzmöglichkeiten von KANBAN innerhalb des Projektmanagements, von agilen Methoden und Prozessen wird in Kapitel 7 veranschaulicht. Hierfür wird der Aufbau des KANBAN-Systems für ausgewählte Anwendungsfälle dargestellt.

Neben dem „analogen Board", das in Kapitel 3 beschrieben wird, gibt es eine Reihe von IT-Tools zur Unterstützung von KANBAN. Im achten Kapitel werden diese IT-Anwendungen genauer betrachtet. Es werden wesentliche Funktionen aufgezeigt und Handlungsempfehlungen für die Tool-Auswahl und Einführung bereitgestellt.

Im neunten Kapitel wird das Gesamtkonzept zusammengefasst und ein Ausblick auf zukünftige Entwicklungen gegeben. Hier wird der Blick nochmal auf die Ebenen der Organisation und die Veränderungen durch KANBAN gelenkt.

Im letzten Kapitel erfolgt eine Zusammenfassung und eine Betrachtung der wichtigsten Punkte.

Am Ende von jedem Kapitel befinden sich Reflexionsfragen. In der heutigen Zeit, der Fülle an schnell verfügbaren Informationen, neigen wir dazu, Informationen auch immer schneller zu konsumieren. Die Fragen sollen dabei unterstützen, das Gelesene gezielt zu wiederholen, zu vertiefen und in den eigenen Kontext einzuordnen.

In diesem Buch möchte ich meine vielseitigen Erfahrungen einbringen, um die Möglichkeiten von KANBAN aus unterschiedlichen Blickwinkeln zu beschreiben. Nach meinem Studium zum Wirtschaftsingenieur war ich über zehn Jahre bei einem großen Beratungshaus tätig. Inhaltlich habe ich mich zunächst intensiv mit dem Thema Produktions- und Supply Chain Planung beschäftigt und Kanban als Steuerungskonzept in der Produktion kennengelernt. In einer Vielzahl von Projekten in unterschiedlichen Branchen habe ich – in verschiedenen Rollen – die Stärken und Schwächen des Projekts-Managements erfahren. Hierbei habe ich die Prozesse in unterschiedlichen Funktionsbereichen, wie Einkauf, Supply Chain Management, Produktion, Marketing, Vertrieb, Controlling oder IT, kennengelernt. Danach war ich bei einem internationalen Automobil-Zulieferer in der Unternehmensentwicklung tätig und habe umfangreiche Einblicke in die Unternehmensführung erhalten. Vor 5 Jahren bin ich zurück an die Hochschule gewechselt. An der Hochschule unterrichte ich Studierende des Wirtschaftsingenieurwesens in Industriebetriebslehre & Logistik und in Supply Chain Management. Neben meiner Lehrtätigkeit habe ich als Projektleiter die Einführung des Geschäftsprozess-Managements an der Hochschule begleitet. Daneben arbeite ich als freiberuflicher Unternehmensberater.

Da es sich in diesem Teil um das Vorwort handelt und ich mich im Rest des Buches bemühe, blumige Umschreibungen auszulassen, möchte ich das Vorwort mit einer Geschichte einer meiner Rosen, eigentlich meiner Lieblingsrose, beenden.

Vor ungefähr zehn Jahren habe ich eine Rose angeschafft, um damit ein Loch in einer Hecke zu schließen. Von dem Tag des Einpflanzens an ging es mit der Rose bergab. Sie blühte nicht, sie wuchs nicht und konnte schon fast als tot bezeichnet werden. Doch die Rose lebte.

Im folgenden Frühling legte ich ein neues Beet an. Als Lückenfüller setzte ich zunächst die Rose in das Beet. Es war für sie wie ein Erwachen. Sie wuchs und wuchs und hatte bald schon eine herrliche Blütenpracht. Heute nimmt die Rose fast das ganze Beet ein und blüht vom Frühling bis in den Sommer.

Mit KANBAN ist es ähnlich wie mit meiner Rose. Am richtigen Standort und den passenden Bedingungen und der richtigen Pflege kann es sich zu einer blühenden Methode und Gewinn für jede Organisation entwickeln. Am falschen Ort wird KANBAN zunächst eingehen. Die Wurzeln sollten jedoch stark genug für einen anderen Standort sein. Denn die Methode ist vielseitig und benötigt nicht viel, um sie erblühen zu lassen.

Ich möchte in diesem Buch helfen, den richtigen Standort zu finden und noch ein paar Tipps für die richtige Pflege mitgeben.

Reflexionsfragen

Frage
Beschreiben Sie prägnant Ihre tägliche Arbeit.
Was macht für Sie einen guten Arbeitstag aus?
Wie sieht ein schlechter Arbeitstag aus?
Was erwarten Sie von KANBAN für Ihre tägliche Arbeit?
Was erwarten sie von diesem Buch für Ihre Arbeit?

Für mich liegen zwischen einem guten und einem schlechten Arbeitstag feine Nuancen. Es ist Vorankommen, Zufriedenheit über Qualität und Quantität des Outputs, gute Lösungen zu entwickeln, positives Feedback oder auch nur ein gutes Gespräch, das den Unterschied machen kann zu einer Entscheidung, die ich nicht nachvollziehen kann, einer blöden Mail oder unangemessenen Rückmeldungen.

Es ist lohnend, zu versuchen in dem Arbeitsumfeld, in dem wir uns täglich bewegen, positive Momente für uns selbst und andere zu schaffen. Dies erreichen wir indem wir gemeinsam gute Lösungen entwickeln und nicht dadurch, indem wir die Zeit und das Budget einhalten.

KANBAN bietet auf diesem Weg interessante Ansätze, die Abläufe zu verbessern, besser zusammenzuarbeiten und so die Ziele zu erreichen.

Teil I: KANBAN

Entwicklung, Grundlagen und Hintergründe

Was ist Kanban denn eigentlich? Um diese Frage zu beantworten und einen Einstieg zu ermöglichen, werden in der folgenden Abbildung 1 ein paar der Kernpunkte zu Kanban zusammengefasst. Die detaillierte Auseinandersetzung mit der Entwicklung, mit Hintergründen und Grundlagen erfolgt im folgenden Teil I.

Kanban kommt aus dem Japanischen und wird mit (Signal-) Karte übersetzt.	
In der Produktion wird kanban bereits seit den 1950er Jahren eingesetzt, um den Produktionsprozess zu steuern.	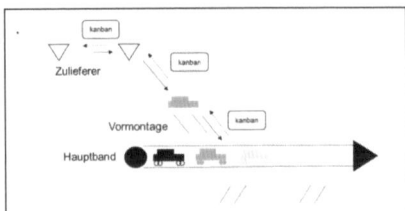
In den 2000er Jahren wurde Kanban als agile Methode entwickelt, um die Software-Entwicklung zu verbessern und evolutionäre Veränderungen innerhalb der IT-Organisation zu fördern.	
Kanban basiert auf 3 Grundprinzipien und 5 Kerneigenschaften, die eine positive Entwicklung gemeinsamer Werte unterstützen.	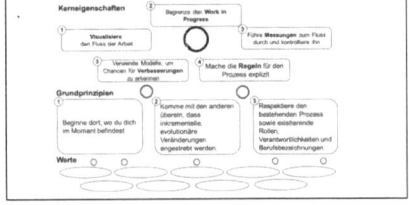
Durch Karten werden Aufgaben in einem Board visualisiert.	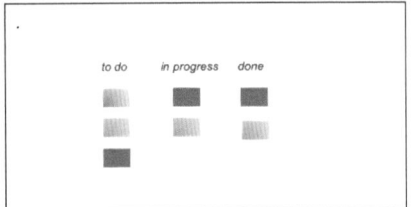
Es wird ein System gestaltet, in dem der Fluss der Arbeit nach dem Pull-Prinzip erfolgt, die Anzahl der Aufgaben limitiert wird, Erfolgs-Messungen durchgeführt werden und eine kontinuierliche Entwicklung unterstützt wird.	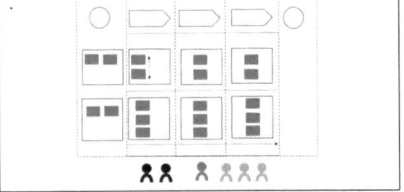

Abbildung 1: Kanban in 12 Karten (eigene Darstellung)

1. Einsatzfeld von Kanban: Die Organisation verstehen

Der Ansatz und die Methoden hinter Kanban leben von ihrer Einfachheit und Verständlichkeit. Nichtsdestotrotz ist mit der Einführung der Nutzung von Kanban eine Veränderung innerhalb der Organisation verbunden und letztendlich ist das auch das angestrebte Ziel. Kanban bietet einen neuen Ansatz, Arbeit zu strukturieren, um bevorstehende Aufgaben zu erfüllen.

Für den Einstieg ist es hilfreich, einen Blick auf die Organisation als Ganzes und deren unterschiedliche Ebenen zu werfen. Hierdurch lassen sich zum einen die Ansatzpunkte innerhalb von Prozessen und Projekten aufzeigen und zum anderen wird dadurch das Verständnis für die Veränderung und die Wirkung auf den unterschiedlichen Ebenen gestärkt.

Eine Organisation ist ein komplexes System, unabhängig davon, ob es sich um einen Industriebetrieb, ein Handelsunternehmen, einen Finanzdienstleister, eine Versicherung oder eine öffentliche Behörde handelt. Das folgende Zitat veranschaulicht, warum es so schwierig ist, eine Organisation zu verstehen:

„Ein System versteht man erst dann, wenn man versucht, es zu verändern." – Kurt Lewin (1890 – 1947)[7]

Die Komplexität der Organisation nachzuvollziehen, ist schon ein erster wichtiger Schritt für das Verständnis von

---

7   Claudia Kostka, *Change Management: Das Praxisbuch für Führungskräfte* (München: Hanser, 2016), S. 105.

Veränderungen. Ein Grund, warum so viele Veränderungsvorhaben fehlschlagen, ist, dass eine falsche Grundannahme vorherrscht. Es wird davon ausgegangen, dass es sich bei Organisationen um komplizierte Systeme handelt, die man nur genau genug analysieren, dann die Veränderung planen und diszipliniert umsetzen muss. In Wirklichkeit handelt es sich aber bei Organisationen fast immer um komplexe Systeme, deren Verhalten sich nicht voraussagen lässt.[8]

Modelle helfen uns dabei, einen Eindruck über ausgewählte Sachverhalte und Beziehungen in einer Organisation zu verstehen. Ein einfaches Modell, welches einen guten Blick auf die unterschiedlichen Ebenen innerhalb einer Organisation vermittelt, ist in Abbildung 2 dargestellt.

Organisationen bestehen aus einem Grund und verfolgen Ziele. Dabei steht die Organisation in einer wichtigen Verbindung zu ihrer Umwelt. Es gilt, die Interessen von Kunden, Lieferanten, Investoren, Partnern oder auch der Gesellschaft zu berücksichtigen.

Wofür die Organisation steht, was sie in Zukunft erreichen möchte und wie sie es erreichen möchte, wird innerhalb der Strategie-Ebene abgebildet. Die darunterliegende Ebene ist die Führungs- oder Entscheidungsebene. Hierbei geht es darum, von wem Entscheidungen getroffen werden. In dem Bild ist ein Organigramm zur Darstellung der Aufbau-Organisation dargestellt. Die Arbeit erfolgt innerhalb der Prozess-Ebene. In dieser sind die Arbeitsabläufe und die dazugehörigen Aktivitäten abgebildet. Innerhalb der Prozesse findet ein Austausch von Informationen statt.

---

8 Frederic Laloux, Mike Kauschke & Etienne Appert, *Reinventing Organizations visuell: Ein illustrierter Leitfaden zur Gestaltung sinnstiftender Formen der Zusammenarbeit*, 2017, S. 138.

Diese Kommunikationsverbindungen werden auf der Interaktions-Ebene abgebildet. Das Fundament einer Organisation bilden die Mitarbeiter. Jedes Individuum hat unterschiedliche Fähigkeiten, Bedürfnisse und Erwartungen usw. Dies bezeichnet die Individual-Ebene. Am Ende ist die Frage, ob Kanban funktioniert oder nicht, darin begründet, inwieweit es zu den Mitarbeitern passt. Neben den horizontalen Ebenen der Organisation durchläuft die Projekt-Ebene vertikal die Organisation. Projekte können als Organisationen innerhalb der Organisation gesehen werden.

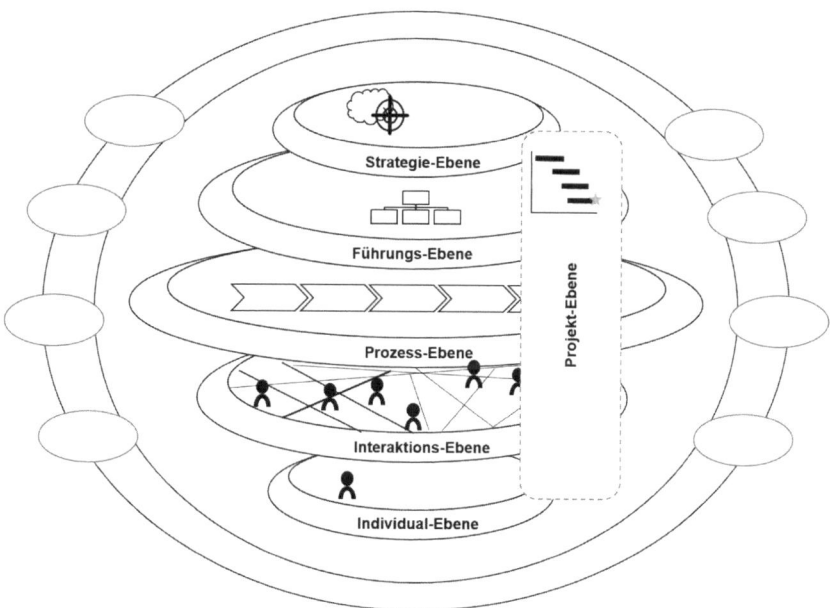

Abbildung 2: Ebenen-Modell Organisation
(eigene Darstellung in Anlehnung an Kostka)[9]

---

9   Claudia Kostka, *Change Management: Das Praxisbuch für Führungskräfte* (München: Hanser, 2016), S. 109.

Alle Ebenen der Organisation werden durch eine einzigartige Kultur verbunden. Diese Kultur ist in Teilen sichtbar, wie z. B. in Form vorgegebener Werte. Der größere Teil scheint aber im Verborgenen zu wirken. Nach einer Studie von Hays wird die Unternehmenskultur am stärksten durch die Kommunikation (34 %) beeinflusst. Auch der Führung (26 %) und Veränderungsbereitschaft der Mitarbeiter (25 %) wird eine hohe Bedeutung zugemessen.[10]

Für Organisationen ergeben sich heute auf allen Ebenen große Herausforderungen. Der französische Autor Frederic Laloux beschreibt dies sehr passend: „Irgendwie spürt fast jeder, dass die Art und Weise, wie wir heute in Organisationen arbeiten, nicht mehr funktioniert, dass das bisherige System seinen Zenit überschritten hat."[11]

10 Eilers, S., Möckel, K., Rump, J., et al., *HR-Report 2015/2016: Schwerpunkt Kultur*, 2016, https://www.hays.de/documents/10192/118775/hays-studie-hr-report-2015-2016.pdf/8cf5aee3-4b99-44b5-b9a9-2ac6460005da, zuletzt aufgerufen im Februar 2021.

11 Frederic Laloux, Mike Kauschke & Etienne Appert, *Reinventing Organizations visuell: Ein illustrierter Leitfaden zur Gestaltung sinnstiftender Formen der Zusammenarbeit*, 2017, S. 13.

1.1. Strategie

Die langfristige Ausrichtung der Organisation wird auf der strategischen Ebene festgelegt und in einer Strategie dokumentiert. Eine „Strategie ist die bewusste Entscheidung für eine realistische Zukunftsaufstellung des eigenen Geschäftes mit der detaillierten Planung der dafür erforderlichen Maßnahmen."[12] Die Gestaltung und der Inhalt der Strategie sind von Organisation zu Organisation verschieden. Die Strategie wird für die Fragestellungen notwendig, bei denen das Problem nicht vollständig beschrieben werden kann und / oder nicht auf vordefinierte Lösungen zurückgegriffen werden kann. „Eine gute Strategie ist in gleichem Maße „Wissenschaft" (Analyse, Modellierung, Bewertung) als auch „Kunst" (Kreativität, Intuition, Urteilsvermögen)."[13]

In der Regel geht die Strategie von der Fragestellung aus, wofür die Organisation steht. Dies wird in einer Mission dokumentiert. Von der Mission ausgehend erfolgt in der Vision der Blick in die Zukunft, wohin sich die Organisation entwickeln sollte. Die Entwicklung dorthin wird anhand von Zielen definiert. Um diese Ziele und damit die Vision der zukünftigen Ausrichtung zu erreichen, werden Initiativen oder Maßnahmen eingeleitet.

12 Ralf Wicharz, *Strategie: Ausrichtung von Unternehmen auf die Erfolgslogik ihrer Industrie: Unternehmensstrategie – Geschäftsfeldstrategie – Konzernstrategie,* 3rd ed. (Wiesbaden: Springer Fachmedien Wiesbaden, 2018), S. XI.

13 Ingolf Bamberger & Thomas Wrona, *Strategische Unternehmensberatung: Konzeptionen – Prozesse – Methoden,* 6th ed. (Wiesbaden: Gabler Verlag, 2012), S. 82.

Beim Zweck / Purpose der Organisation findet mehr und mehr ein Umdenken statt. Es gibt eine Abkehr vom vielfach vorherrschenden Shareholder-Value hin zu einem balancierteren Ansatz. Dieser wird gut durch das „Statement on the Purpose of a Corporation" des amerikanische Business Roundtable von 2019 dokumentiert. Dieses wurde von fast 200 CEO der wichtigsten Firmen der USA unterzeichnet.

Kunden, Mitarbeiter, Lieferanten und auch die Gesellschaft und die Umwelt rücken in einen neuen Fokus und schaffen einen neuen Rahmen für die Ausrichtung der Organisation.

Die Elemente der strategischen Ebene können durchaus etwas unkonkret wirken. Es wird eine Perspektive über die gesamte Organisation eingenommen. Dabei können und sollen keine Detail-Fragen beantwortet werden. Strategien werden allgemein und übergreifend formuliert und es kann schwierig sein, den spezifischen Kern zu identifizieren. In der Strategie wird aber die grundlegende „Marschrichtung" der Organisation vorgegeben. Für Veränderungen in der Organisation wird der Rahmen gesetzt. Um die Organisation als Ganzes und die Wirkung von Veränderungen nachzuvollziehen, ist eine Auseinandersetzung mit der strategischen Ebene unabdingbar.

Wir verpflichten uns dazu:

*... unseren **Kunden** einen Mehrwert zu bieten. Wir werden die Tradition amerikanischer Unternehmen fördern, die bei der Erfüllung oder Übererfüllung der Kundenerwartungen führend sind.*

*... in unsere **Mitarbeiter** zu investieren. Dies beginnt damit, sie fair zu entlohnen und wichtige Benefits zu bieten. Dazu gehört auch, sie durch Schulung und Ausbildung zu unterstützen, die dazu beitragen, neue Fähigkeiten für eine sich schnell verändernde Welt zu entwickeln. Wir fördern Vielfalt und Integration, Würde und Respekt.*

*Wir gehen fair und ethisch korrekt mit unseren **Lieferanten** um. Wir sind bestrebt, den anderen Unternehmen, ob groß oder klein, die uns bei der Erfüllung unserer Aufgaben helfen, als gute Partner zu dienen.*

*Wir unterstützen die **Gemeinschaften**, in denen wir arbeiten. Wir respektieren die **Menschen** in unserer Gesellschaft und schützen die **Umwelt**, indem wir nachhaltige Verhaltensweisen in all unseren Unternehmen anwenden.*

*Wir schaffen langfristigen **Wert** für unsere Aktionäre, die das Kapital bereitstellen, das es den Unternehmen ermöglicht, zu investieren, zu wachsen und **Innovationen** zu fördern.*[14]

---

14 Business Roundtable, *Statement on the Purpose of a Corporation*, 2019, https://opportunity.businessroundtable.org/ourcommitment/, zuletzt aufgerufen im Februar 2021.

1.2. Führung

Die Strategie sollte auch den Rahmen dafür geben, wie die Führung gestaltet wird und wie und welche Entscheidungen getroffen werden. Eine Strategie, die sich nicht direkt auf dieser Ebene auswirkt, ist wirkungslos. Wenn eine Organisation sich auf der strategischen Ebene z. B. dazu verpflichtet hat, die Umwelt zu schützen, dann muss dies auch bei den operativen Entscheidungen berücksichtigt werden. Führung ist kein Selbstzweck, sondern soll dazu beitragen, dass die Ziele, die sich aus den übergeordneten Organisationszielen ableiten lassen, erreicht werden.[15] Die Struktur, wie in einer Organisation Entscheidungen getroffen werden, ist in der Aufbau-Organisation definiert. In dieser wird festgelegt, wer für welche Aufgaben verantwortlich ist, wer welche Entscheidungen treffen darf und an wen diese berichtet werden. Die Aufbau-Organisation wird in Form von Organigrammen dargestellt. Diese bilden eine feste hierarchische Entscheidungsstruktur. „Das Spannungsverhältnis zwischen Mitarbeitern und Führungskräften ist in allen Wirtschafts- und Gesellschaftsbereichen ein chronisches und negatives Dauerthema."[16]
Die Art und Weise, wie diese Strukturen gestaltet sind, wie Entscheidungen getroffen werden und wie Führung ge-

---

15   Heinz Schuler (Hg.), *Lehrbuch Organisationspsychologie*, 2. Auflage (Bern: Huber, 1995), S. 341.

16   Andreas Slogar, Die agile Organisation: *Wo anfangen? Wie Mitarbeiter und Führungskräfte begeistern? Wie Strukturen und Strategien anpassen?*, 2018, S. 94.

lebt wird, hat entscheidenden Einfluss auf die Organisation. Über mehrere Studien hinweg zeigt sich, dass gutes Management und gute Führung bei weitem die stärksten Treiber für das Engagement der Mitarbeiter sind.[17] Darüber, wie gute Führung aussieht, gibt es eine Jahrzehnte lange Forschung. Es konnten Merkmale identifiziert werden, welche aber nur in bestimmten Situationen hilfreich sind. In Summe gilt: „Es gibt nicht „den besten Führungsstil".[18] Die Anforderungen der Führungskräfte von heute sind sehr vielschichtig und stehen in einer dynamischen Wechselwirkung mit dem Umfeld und dem Team oder den einzelnen Mitarbeitern.

Ebenfalls die klassischen Modelle der Aufbau-Organisation wie Linien-Organisation oder auch Matrix-Organisationen werden zunehmend hinterfragt. „Die Art und Weise, wie wir Organisationen führen, funktioniert nicht mehr."[19] Es entwickeln sich neue Formen der Aufbau-Organisation, die viel mehr den Mitarbeiter, eine gewisse Selbstbestimmung, Werteorientierung, Ganzheit usw. in den Vordergrund stellen.

Viele Organisationen befinden sich in einem Wandlungsprozess, der sowohl die gesamte Organisation als auch Teilbereiche betrifft. Hierbei muss es nicht der Wandel der ganzen Organisation sein. Es können durch tägliche Entscheidungen, auch auf Team-Ebene, eine positive Veränderung gefördert werden.

---

17 *State of the global workplace* (New York, NY: Gallup Press, 2017), S. 85.

18 Heinz Schuler (Hg.), *Lehrbuch Organisationspsychologie,* 2. Auflage (Bern: Huber, 1995), S. 338.

19 Frederic Laloux, Mike Kauschke & Etienne Appert, *Reinventing Organizations visuell: Ein illustrierter Leitfaden zur Gestaltung sinnstiftender Formen der Zusammenarbeit*, 2017, S. 12.

Jeff Bezos zeigt beispielsweise in seinem Letter to Share-holders 2016 andere Ansätze der Führung und Entscheidungsfindung und deren Bedeutung für die Organisation. Hierbei spielt die Geschwindigkeit eine herausragende Rolle. Für ihn ist es wichtig, den Entscheidungsprozess abhängig von der Konsequenz der Entscheidung zu machen. Es gibt viele Entscheidungen, die leicht rückgängig gemacht werden können. Dementsprechend können diese Entscheidungen schnell getroffen werden und es muss nicht gewartet werden, bis alle nötigen Informationen vorliegen. Die Vorgehensweise „disagree and commit" stellt ebenfalls einen Beschleuniger dar. Daneben bildet dieses Vorgehen einen deutlichen Vertrauensvorschuss und stärkt das Engagement der Mitarbeiter.[20]

20   Jeffrey Bezos, *Amazon: Letter to Shareholders 2016*, S. 1, https://ir.aboutamazon.com/annual-reports/, zuletzt aufgerufen im Februar 2021.

1.3. Prozess

Während in der Führungs- und Entscheidungsebene die Zuordnung der Entscheidungen in der Aufbau-Organisation festgelegt wird, erfolgt in der Prozess-Ebene die Gestaltung der Arbeitsabläufe.

Prozesse begegnen einem an vielen Stellen. Wir kennen Strafprozesse, chemische Prozesse, politische Prozesse und viele mehr. Von dem lateinischen *procedere* abgeleitet, bedeutet Prozess nichts Weiteres als vorwärtsgehen. Es beschreibt also einen Verlauf oder eine Entwicklung.

Bei den Prozessen innerhalb der Organisation wird von Unternehmensprozessen gesprochen. Diese zeichnen sich dadurch aus, dass diese wiederholend ausgeführt werden. Unternehmensprozesse lassen sich grob unterteilen in technologische Prozesse und Geschäftsprozesse. In technologischen Prozessen wird materieller Input in materiellen Output umgewandelt. In Geschäftsprozessen wird immaterieller Input in immateriellen Output umgewandelt. „Ein Prozess ist ein Satz von in Wechselbeziehung oder Wechselwirkung stehenden Tätigkeiten, der Eingaben in Ergebnisse umwandelt."[21]

In einem Prozess wird der Ablauf der Tätigkeiten beschrieben. Dominantes Element in einem Geschäftsprozess sind die Aktivitätselemente. Ein Geschäftsprozess beinhaltet aber mehr. In einem Geschäftsprozess werden die mit der Bearbeitung eines bestimmten Objektes verbundenen

---

21 Simone Brugger-Gebhardt, *Die DIN EN ISO 9001:2015 verstehen: Die Norm sicher interpretieren und sinnvoll umsetzen,* 2. Auflage (Wiesbaden: Springer Fachmedien Wiesbaden, 2016), S. 9.

Funktionen, die beteiligten Organisationseinheiten, benötigten Daten sowie die Ablaufsteuerung der Ausführung beschrieben.[22] Ein Geschäftsprozess umfasst eine umfangreiche Dokumentation zum Ablauf.

In einer Organisation gibt es eine Vielzahl an Geschäftsprozessen, die in Prozessmodellen zusammengeführt werden. Für deren Gliederung gibt es eine Reihe an Möglichkeiten. Diese werden z. B. in Anlehnung an Porter in Primär- und Sekundärprozesse oder auch in Führungs-, Kern- und Unterstützungsprozesse gegliedert.

Neben dem Inhalt ist die Betrachtung nach der Struktur und Wiederholung von Prozessen interessant.[23] Es gibt Geschäftsprozesse, die zum Tagesgeschäft gehören und täglich hunderte oder tausende Male durchlaufen werden und es gibt Prozesse, die selten oder ggf. nur einmal durchlaufen werden. Manche Prozesse können und müssen bis auf das letzte Detail ausformuliert werden, um z. B. eine IT-Anwendung zu programmieren oder den vollständigen Prozess zu automatisieren. Bei anderen Prozessen ist nur eine sehr grobe Beschreibung möglich und nötig. Eine grobe Einteilung der Geschäftsprozesse unter diesen Gesichtspunkten ist in Abbildung 3 dargestellt.

22 August-Wilhelm Scheer, *Prozeßorientierte Unternehmensmodellierung: Grundlagen Werkzeuge Anwendungen* (Wiesbaden: Gabler Verlag, 1994), S. 6.

23 Mathias Weske, *Business Process Management: Concepts, Languages*, Architectures, 2012.

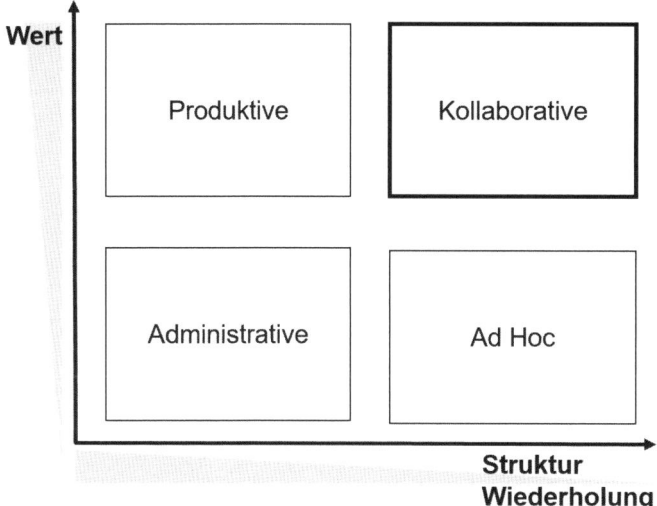

Abbildung 3: Einteilung Geschäftsprozesse
(Eigene Darstellung in Anlehnung an Jander) [24]

Die Digitalisierung hat bei Geschäftsprozessen zu einem starken Wandel geführt. Dieser wird sich in den kommenden Jahren fortsetzen und voraussichtlich noch verstärken. Produktive und administrative Prozesse werden – soweit möglich – digitalisiert und automatisiert – bis hin zu selbstgesteuerten Prozessen, die nur noch geringen Input von Menschen benötigen. „Alles, was digitalisiert werden kann, wird digitalisiert. Und alles, was vernetzt werden kann, wird auch vernetzt. Das betrifft Menschen, Maschi-

---

24   Kai Jander, *Agile Business Process Management: Concepts and Tools for Long-running Autonomous Business Processes* (Dissertation, Universität Hamburg, 2016), S. 3.

nen und Produkte gleichermaßen."[25] Dies führt zu einer deutlichen Verschiebung der menschlichen Arbeit. Diese wird sich auf kollaborative und Ad-hoc-Prozesse fokussieren. Damit wird die Gestaltung dieser Prozesse zu einer der Kernherausforderungen.

Die Prozess-Ebene wirkt sehr strukturiert und beherrschbar. In der Praxis bestehen oftmals Abweichungen zwischen dem vorgesehenen Soll-Prozess und dem realen Prozess. Dies begründet auch den Erfolg des Process-Mining in den letzten Jahren. Die Modelle auf der Prozess-Ebene müssen eine Balance zwischen Struktur und Anpassungsfähigkeit schaffen.

---

25 Wieland Appelfeller & Carsten Feldmann, *Die digitale Transformation des Unternehmens: Systematischer Leitfaden mit zehn Elementen zur Strukturierung und Reifegradmessung*, 1. Auflage (Berlin, Heidelberg: Springer, 2018), S. 3.

1.4. Interaktion

Die Menschen innerhalb einer Organisation müssen in Interaktion treten. Die dazugehörige Kommunikation bildet die Brücke für gegenseitiges Verständnis und gemeinschaftliches Handeln.[26] Die Bedeutung, die Kommunikation innerhalb der Organisation einnimmt, ist unumstritten. Dafür wie Kommunikation gestaltet werden sollte, gibt es eine Reihe von Merkmalen, aber kein Patentrezept. Wichtig ist es, ein Verständnis für Kommunikation aufzubauen und sich dieses, insbesondere bei Konflikten, vor Augen zu führen. „Was wir wahrnehmen („als wahr nehmen") ist nicht objektiv, sondern Resultat eines hochkomplexen Verarbeitungsprozesses eines Menschen oder einer Organisation. Jede Wahrnehmung ist selektiv und subjektiv."[27] Das Zitat des Kommunikationswissenschaftlers Paul Watzlawick fasst dies gut zusammen: *„Jeder meint, dass seine Wirklichkeit die wirkliche Wirklichkeit ist."*[28]
Damit bildet die Interaktions-Ebene eines der wichtigsten, aber auch eines der komplexesten Elemente innerhalb der Organisation. Nur eine zielgerichtete Interaktion ermöglicht es den gewünschten Mehrwert durch die Verbindung der unterschiedlichen Individuen zu schaffen. Die Interaktion kann für den Mitarbeiter sowohl Quell von

---

26 Claudia Kostka, *Change Management: Das Praxisbuch für Führungskräfte* (München: Hanser, 2016), S. 116.

27 Jürg Kuster et al., *Handbuch Projektmanagement*, 3. Auflage (Berlin, Heidelberg: Springer, 2011), S. 201.

28 Claudia Kostka, *Change Management: Das Praxisbuch für Führungskräfte* (München: Hanser, 2016), S. 116.

positiven Gefühlen durch Lob, Anerkennung, Anteilnahme, Unterstützung o.ä., aber auch Quell von negativen Eindrücken wie Kritik, Missverständnissen, Ärger o.ä. sein. Die Interaktion erfolgt hierbei auf den festgelegten Pfaden, wie sie in der Aufbau-Organisation oder Prozessen oder Projekten vorgegeben sind, aber auch auf Pfaden die nicht definiert und strukturiert sind.

Gerade die Nutzung neuer Informations-Technik führt zu einer einfachen Verbreitung, stärkeren Vernetzung und Verteilung von Information. Allein in den letzten 10 Jahren hat sich die Anzahl der beruflich empfangenen E-Mail immerhin fast verdoppelt.[29] Dazu kommen noch Messenger-Dienste und weitere Kanäle bzw. Online-Angebote. Damit ist die heutige Kommunikation extrem schnell. Durch die Verbreitung von mobilen Endgeräten ist die Kommunikation nicht nur schnell, sondern auch immer und überall verfügbar.

Ein weiteres Phänomen der Kommunikation ist der steigende Anteil an Meetings. Über 70% der Fach- und Führungskräfte verbringen mehr als 25% ihrer Arbeitszeit in Meetings. Für 25% der Befragten einer Studie nehmen Meetings den Hauptteil ihrer Arbeitszeit ein.[30] Relevanz und Nutzen der Meetings wird vielfach hinterfragt.

---

29 Bitkom, *Anzahl empfangener dienstlicher E-Mails pro Tag im Durchschnitt in Deutschland in ausgewählten Jahren von 2011 bis 2018*, 2018, https://de.statista.com/statistik/daten/studie/328293/umfrage/anzahl-der-empfangenen-dienstlichen-e-mails-pro-tag-in-deutschland/, zuletzt aufgerufen im Februar 2021.

30 Hochschule Augsburg, *Wie viel Prozent Ihrer Arbeitszeit verbringen Sie in Meetings?*, 2018, https://de.statista.com/statistik/daten/studie/954463/umfrage/umfrage-zum-anteil-von-meetings-an-der-arbeitszeit/, zuletzt aufgerufen im Februar 2021.

Die Fragestellung in der heutigen Zeit werden immer komplizierter und verlangen nach interdisziplinären Lösung. Diese entstehen durch den Austausch von Spezialisten in den entsprechenden Teil-Disziplinen. Daraus ergeben sich hohe Anforderungen an die Kommunikation, denn selbst wenn die eigentliche Sprache gleich ist, müssen unterschiedliche Fach-Vokabeln und die vielfältigen Sichtweisen zusammengebracht werden.

Die Globalisierung verlangt aber auch eine Kommunikation in unterschiedlichen Sprachen. Kunden und Teams sitzen über den Globus verteilt. Es wird eine Kommunikation benötigt, die die sprachlichen, aber auch insbesondere die kulturellen Unterschiede berücksichtigt.

Die Interaktionsebene entscheidet über den Erfolg oder Misserfolg einer Veränderung. Werden die falschen Signale an der falschen Stelle oder zum falschen Zeitpunkt gesetzt oder nicht gesetzt, kann dies die Veränderung erschweren oder erfolglos machen.

1.5. Individuum

Das Individuum und sein Verhältnis zur Organisation hat massiven Einfluss auf die Leistung der Organisation und auch auf die Möglichkeiten der Veränderung. „Methoden, Vorgehensmodelle und Strategien können noch so ausgefeilt und durchdacht sein, sie können noch so sehr auf wissenschaftlichen und empirischen Erkenntnissen beruhen, sie scheitern dennoch in der praktischen Anwendung und im Alltag eines Unternehmens, wenn die betroffenen und beteiligten Mitarbeiter ihre Unterstützung verweigern."[31] Das Verhältnis des Individuums zur und innerhalb der Organisation kann durchaus zwiespältig gesehen werden. Die Organisation bildet für den Mitarbeiter einen beständigen Rahmen zur Koordination der Handlungen. Es werden aber auch die Spielregeln und Erfolgskriterien festgelegt und bei Bedarf Sanktionen verhängt.[32] Hauptmotivation für die aktive Teilhabe an der Organisation sind die finanziellen Bedürfnisse und Sicherheit. Neben dem Geld ist aber noch eine Reihe weiterer Faktoren von hoher Bedeutung. Mitarbeiter möchten einen Arbeitsinhalt der ganzheitlich ist, mit abwechslungsreichen, interessanten Aufgaben, bei denen die Möglichkeit besteht, die eigenen Kenntnisse und Fähigkeiten einzusetzen, Neues zu erlernen und eigene Entscheidungen zu

---

31 Andreas Slogar, *Die agile Organisation: Wo anfangen? Wie Mitarbeiter und Führungskräfte begeistern? Wie Strukturen und Strategien anpassen?*, 2018, S. 93.

32 Heinz Schuler (Hg.), *Lehrbuch Organisationspsychologie*, 2. Auflage (Bern: Huber, 1995), S. 213.

treffen. Es werden Arbeitsbedingungen angestrebt, die eine flexible Arbeit erlauben – in einem angemessenen Arbeitstempo, ohne äußere Belastungen und in angenehmen räumlichen Verhältnissen. Die Organisation soll Rahmenbedingen für Aufstiegschancen bieten und Möglichkeiten der Weiterbildung bereitstellen. Die sozialen Bedingungen im Kontakt und Verhältnis zu den Kollegen sowie den Vorgesetzten muss passen.[33] Insbesondere in der Wissensarbeit, die meist gut bezahlt ist, fallen die nicht monetären Faktoren stärker ins Gewicht.

Das Zusammenspiel der Faktoren wirkt sich auf die Motivation und Arbeitsqualität der Mitarbeiter aus. In dem gebräuchlichen Motivations-Modell in Abbildung 4 ist dieser Zusammenhang zusammengefasst.

Die Kernmerkmale, die an die Aufgabe gestellt werden, sind Abwechslung, Ganzheitlichkeit, Bedeutsamkeit, Autonomie und Feedback. Die Erfüllung dieser Merkmale führt beim Mitarbeiter zu den angestrebten Zuständen. Diese sind das Erleben von Sinnhaftigkeit und Verantwortlichkeit und die Kenntnis der Ergebnisse bis hin zu Feedback. Resultat sind eine höhere Motivation, Arbeitsqualität und Zufriedenheit und damit auch geringerer Krankenstand und Fluktuation. Das Modell ist selbstverständlich von den individuellen Erwartungen und Stärken des Mitarbeiters abhängig. Es sind folglich eine Reihe von Parametern, die für die notwendige Einstellung der Mitarbeiter sorgen.

Gerade die Einstellung der Mitarbeiter bildet die entscheidende Variable innerhalb der Einführung von Veränderungen. Mitarbeiter mit einer engen Verbindung zur Organisation und ihrer Arbeit werden lösungsorientiert ar-

---

33 Ebd., S. 136.

beiten. Mitarbeiter mit einer geringen Bindung werden zusätzliche Freiheit annehmen, aber nicht die zugehörige Verantwortung.[34]

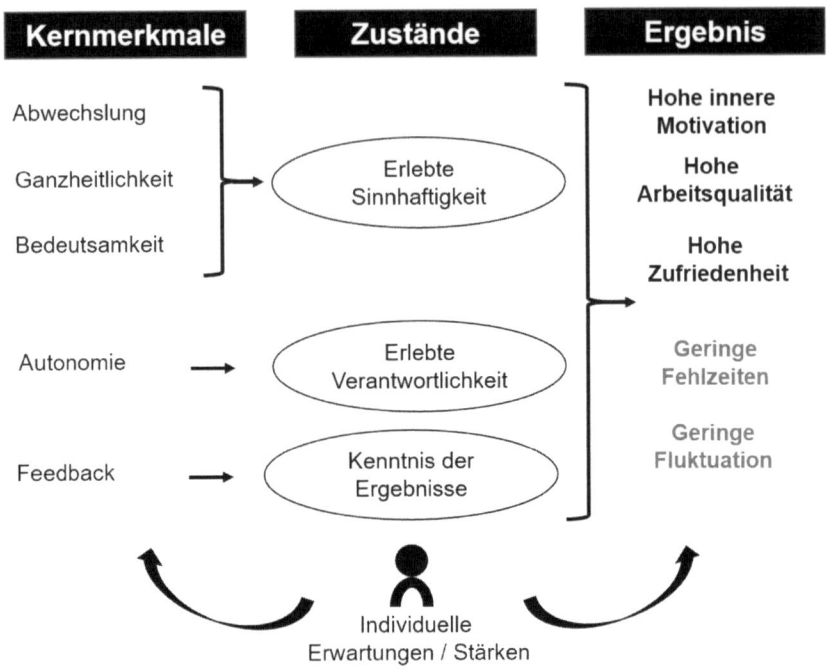

Abbildung 4: Job-Characteristics-Modell
(Eigene Darstellung in Anlehnung an Hackman und Oldham)[35]

Einen weiteren wichtigen Aspekt für die Leistungsfähigkeit bildet Beanspruchung. Hierbei zeigt sich, dass es nicht zwingend die Überlastung ist, die zu Stress führt. Die meis-

34 Frederic Laloux, Mike Kauschke & Etienne Appert, *Reinventing Organizations visuell: Ein illustrierter Leitfaden zur Gestaltung sinnstiftender Formen der Zusammenarbeit*, 2017, S. 139.

35 J. R. Hackman & Greg R. Oldham, *Motivation through the Design of Work: Test of a Theory, ORC;ANIZATIONAL BEHAVIOR AND HUMAN PERFORMANCE, Nr. 16 (1976), S. 256, http://www.dtic.mil/docs/citations/ADA009331.

ten Mitarbeiter in Europa fühlen sich unterfordert und nicht in der Lage, bei der Arbeit ihr Bestes geben zu können.[36] Dieses Studienergebnis bestätigt, dass eine wesentliche Quelle der Unzufriedenheit nicht etwa in einer Überforderung, sondern der Unterforderung liegt. Der Begriff dazu ist das Bore-Out als Gegenstück zum Burn-Out. Gerade in eigentlich hochqualifizieren anspruchsvollen Berufen kann die Langeweile zur Qual werden. Menschen müssen tätig sein, sie haben den natürlichen Drang zu gestalten und zu entdecken.[37]

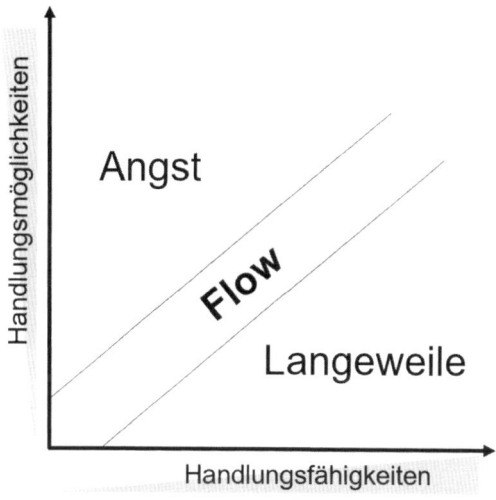

Abbildung 5: Flow Modell
(Eigene Darstellung in Anlehnung an Csikszentmihalyi)[38]

36 *State of the global workplace* (New York, NY: Gallup Press, 2017), S. 82.

37 *Hüther & Gerald, Die Wiedererweckung von Intentionalität und Co-Kreativität*, 2019, https://www.youtube.com/watch?v=66aQoRIF-eQ, zuletzt aufgerufen im Februar 2021.

38 Mihaly Csikszentmihalyi, *Flow and the foundations of positive psychology: The collected works of Mihaly Csikszentmihalyi* (Dordrecht, Ann Arbor, Michigan: Springer; ProQuest, 2014), S. 94.

Das Individuum benötigt die richtige Balance aus Handlungsmöglichkeiten und Handlungsfähigkeiten. Wird diese Balance geschaffen und es herrschen nicht dauerhaft Angst oder Langeweile vor, befindet sich die Arbeit im Fluss. In dieser Form kann sich der Mitarbeiter nutzenstiftend in die Organisation einbringen. Dies ist schematisch in Abbildung 5 dargestellt. Die Herstellung dieser Balance stellt in der Praxis eine große Herausforderung für den Mitarbeiter, Vorgesetzte und die ganze Organisation dar.

1.6. Projekt

Das Ebenen-Modell wird durch Projekte als vertikale Ebene ergänzt. Projekte können alle Ebenen durchdringen und bilden eine Organisation innerhalb der Organisation. In der heutigen Arbeitswelt sind Projekte ein fester Bestandteil. In einer Studie der Gesellschaft für Projektmanagement wird der Anteil der Projekttätigkeit im Verhältnis zur regulären Arbeit in Deutschland über alle Wirtschaftsbereiche hinweg auf 40% prognostiziert.[39] Die Studie zeigt ebenfalls, dass die Projektarbeit in allen Wirtschaftsbereichen eine hohe Bedeutung hat.

Für den Projektbegriff gibt es keine einheitliche Definition. Einige gebräuchliche Definitionen sollen hier genannt und diskutiert werden.

Im Projektmanagement Body of Knowledge (PMBoK) des Projektmanagement Institute wird ein Projekt wie folgt definiert: „Ein Projekt ist ein zeitlich begrenztes Vorhaben mit dem Ziel, ein einmaliges Produkt, eine einmalige Dienstleistung oder ein einmaliges Ergebnis zu schaffen."[40] Diese weite Definition beinhaltet als wesentliche Merkmale für ein Projekt die zeitliche Begrenzung, die Einmaligkeit und das Ergebnis.

---

39 GPM Deutsche Gesellschaft für Projektmanagement e.V., *Makroökonomische Vermessung der Projektwirtschaft, 4*, zuletzt aufgerufen im Februar 2021.

40 Project Management Institute, *A guide to the project management body of knowledge (PMBOK guide), 2017*, S. 4.

Nach der Projektmanagement-Methode Prince2 ist ein Projekt eine zeitlich begrenzt existierende Organisation, mit dem Zweck der Lieferung von einem oder mehreren Produkten entsprechend des vereinbarten Business Cases.[41] Auch diese Definition beinhaltet die zeitliche Begrenzung und Lieferung von einem Ergebnis.

Die International Project Management Association (IPMA) definiert im ICB 4.0 ein Projekt wie folgt: „Ein Projekt ist ein einmaliges, zeitlich befristetes, interdisziplinäres, organisiertes Vorhaben, um festgelegte Arbeitsergebnisse im Rahmen vorab definierter Anforderungen und Rahmenbedingungen zu erzielen."[42] Hier kommen zusätzlich die Element der übergreifenden Zusammenarbeit von mehreren Disziplinen sowie die vorgreifende Berücksichtigung von Anforderungen und Rahmenbedingungen hinzu.

Laut DIN69901 ist ein Projekt ein Vorhaben, das im Wesentlichen durch die Bedingungen in ihrer Gesamtheit, z.B. in Bezug auf Zielvorgaben, zeitliche, finanzielle oder andere Restriktionen, gegenüber anderen Vorhaben und einer projektspezifischen Organisation, gekennzeichnet ist.[43]

41 Andy Murray, *Directing successful projects with PRINCE2* (Norwich: TSO, 2009), S. 3.

42 Schoper, Yvonne & Viehbacher, Anja, *Individual Competence Baseline: für Projektmanagement*, 2017, S. 29, https://www.gpm-ipma.de/know_how/icb_4_formular.html, zuletzt aufgerufen im Februar 2021.

43 Prof. Dr. Sibylle Peters, Prof. Dr. Jörg v. Garrel, Prof. Dr. Hans-Liudger Dienel & Dipl.-Geogr. Ansgar Düben, *Wissensarbeit und der souveräne Umgang mit Arbeitszeit in Projekten*, S. 11.

Um sich dem Projekt-Begriff weiter zu nähern, ist es sinnvoll, das, was ein Projekt ausmacht, anhand von Merkmalen zu beschreiben. Dies können beispielsweise sein:

- Es existiert eine konkrete **Zielvorgabe.**
- Das Projekt ist **zeitlich** durch einen Anfangs- und
  Endtermin **begrenzt.**
- Es gibt eine **eigenständige Ablauforganisation.**
- In Projekten werden keine **Routine-Aufgaben**
  bearbeitet.
- Die **Dauer** ist mindestens 4 Wochen.
- Das **Projekt-Team** umfasst mindestens 3 Mitglieder.[44]

Mit Hilfe dieser oder ähnlicher Merkmale kann eine Check-
Liste für die Einteilung von Projekten innerhalb der Organisation vorgenommen werden. Dies schafft ein einheitliches Verständnis darüber, was ein Projekt ist und was
kein Projekt ist. In der Praxis begegnet einem das Problem
der inflationären Verwendung des Begriffs Projekt. Der
Projekt-Begriff wird für fast jede besondere Aufgabe, die
in irgendeiner Weise innovativ oder neuartig erscheint,
gebraucht. Allgemeingültige Vorgehensweisen, Methoden und Kriterien des Projektmanagements werden dabei aber oft nicht eingesetzt.[45]

.

44 GPM Deutsche Gesellschaft für Projektmanagement e.V., *Makroökonomi-
    sche Vermessung der Projektwirtschaft*, S. 16.
45 Prof. Dr. Sibylle Peters, Prof. Dr. Jörg v. Garrel, Prof. Dr. Hans-Liudger Dienel,
    Dipl.-Geogr. Ansgar Düben, *Wissensarbeit und der souveräne Umgang mit
    Arbeitszeit in Projekten*, S. 11.

Projekte werden in Organisationen eingesetzt, um unterschiedliche Ziele zu erreichen. Die folgende Liste zeigt einige Beispiele, aus denen die Vielseitigkeit von Projekten deutlich wird:

- Entwicklung eines neuen Medikaments
- Erweiterung einer Bank-Dienstleistung
- Zusammenschluss von zwei Unternehmen
- Verbesserung eines Geschäftsprozesses
- Erwerb und Installation eines neuen Computerhardwaresystems
- Suche nach Öl in einer Region
- Änderung eines Computersoftwareprogramms
- Forschung zur Entwicklung eines neuen Herstellungsprozesses
- Errichtung eines Gebäudes[46]

Eine mögliche Kategorisierung ist die Einteilung in Forschungs-Projekte, Entwicklungs-Projekte, Organisations-Projekte und Investitions-Projekte. Forschung-Projekte haben die Entwicklung von Wissen zum Inhalt, Entwicklungs-Projekte beschäftigen sich mit der Umsetzung von Wissen, Organisations-Projekte haben die Verbesserung der Leistungsfähigkeit der Organisation zu Inhalt und der Gegenstand von Investitions-Projekten ist die Standardisierung bisheriger Erfahrungen.[47] Projekte werden in Organisationen durchgeführt, um neue Produkte und

---

46 Project Management Institute, *A guide to the project management body of knowledge* (PMBOK guide), 2017, S. 5.

47 Prof. Dr. Sibylle Peters, Prof. Dr. Jörg v. Garrel, Prof. Dr. Hans-Liudger Dienel, Dipl.-Geogr. Ansgar Düben, *Wissensarbeit und der souveräne Umgang mit Arbeitszeit in Projekten*, S. 19.

Dienstleistungen für Kunden bereitzustellen oder die notwendige Infrastruktur verfügbar zu machen.

Ein Blickwinkel, der bei der Betrachtung und Einteilung von Projekten und auch innerhalb der Planung hilfreich ist, ist der Blick auf die Ergebnisse der Projekte – die Projektprodukte. Projektprodukte umfassen materielle und immaterielle Liefergegenstände, die im Projekt als Zwischen- oder Endergebnisse erzeugt werden.[48] Materielle Liefergegenstände sind technische Produkte wie die Funktionalität eines IT-Systems, eine Anlage, ein Gebäude oder ein verkaufsfähiges Produkt. Immaterielle Liefergegenstände beinhalten die fachliche Dokumentation wie das Lastenheft, das Fachkonzept oder auch das Benutzerhandbuch. Ein weiteres Produkt, welches durch das Projekt bereitgestellt wird, ist die Dokumentation des Projektmanagements. Diese lässt sich in die Dokumentation des Verlaufs des Projektes und die des Projektsystems unterteilen. Die Unterteilung der unterschiedlichen Projekt-Produkte ist in Abbildung 6 dargestellt.

---

48 Oliver Linssen et al. (Hg.), *Projektmanagement und Vorgehensmodelle 2019 Neue Vorgehensmodelle in Projekten: Neue Vorgehensmodelle in Projekten – Führung, Kulturen und Infrastrukturen im Wandel* (Lörrach: GPM e.V., Lörrach, 2019), S. 226.

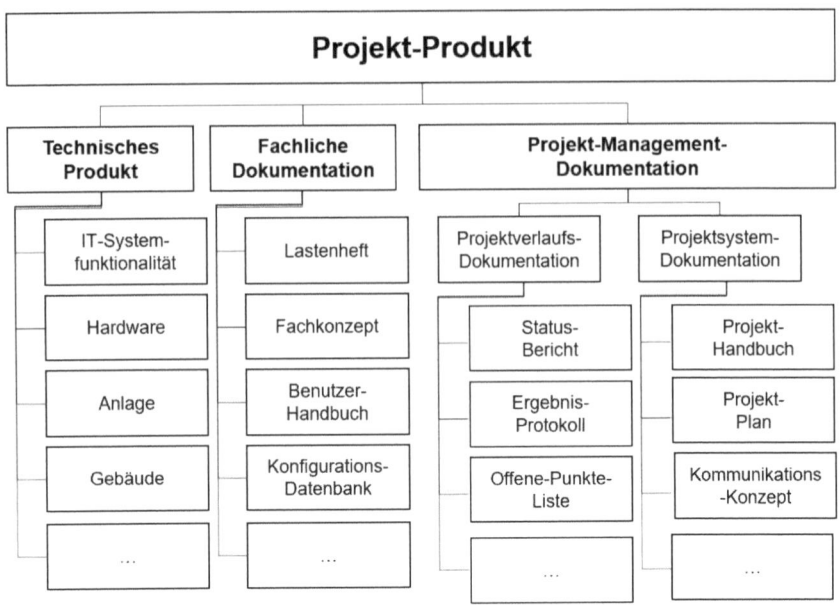

Abbildung 6: Projekt-Produkt-Typ-Baum
(Eigene Darstellung in Anlehnung an Hüsselmann und Leyendecker)[49]

Ein immaterielles Projekt-Produkt, welches innerhalb der Betrachtung der Organisation wichtig ist, ist die Veränderung der Organisation selbst. Veränderung innerhalb der Organisation wie eine neue Aufbau-Organisation, die Entwicklung von Abläufen oder der Individuen erfolgen durch Projekte. Hierbei wird der Übergang in ein höheres Leistungsniveau angestrebt. „Projekte treiben Veränderungen in Organisationen."[50] Dies wird in Abbildung 7 veranschaulicht.

---

49 Ebd., S. 227.

50 Project Management Institute, *A guide to the project management body of knowledge* (PMBOK guide), 2017, S. 6.

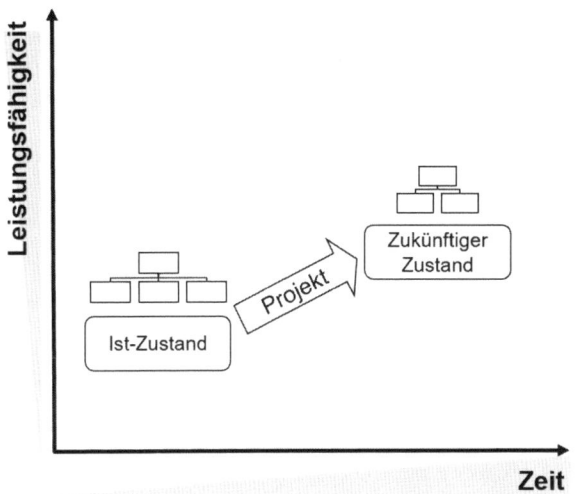

Abbildung 7: Zustandsveränderung in Organisationen durch ein Projekt (Eigene Darstellung in Anlehnung an PMI)[51]

Die Art und Weise, wie die unterschiedlichen Projekte in Organisationen verankert sind, unterscheidet sich deutlich von Organisation, Projekt-Form und Projekt. In manchen Organisationen bzw. Organisationseinheiten sind Projekte Teil des Tagesgeschäftes, für andere Einheiten bildet die Projekt-Arbeit eine ungewohnte Sonderform.

51   Ebd.

Reflexionsfragen Kapitel 1

Frage
Wie ist die Strategie Ihrer Organisation und welchen Einfluss hat die Strategie auf Ihre tägliche Arbeit?
Wie werden Mitarbeiter innerhalb der Strategie berücksichtigt und inwiefern gibt es Auswirkung bei der täglichen Arbeit?
Wie werden Entscheidungen in Ihrer Organisation und Organisations-Einheiten getroffen?
Erinnern Sie sich an besonders negative Entscheidungsfindungen. Was hat zu der negativen Wahrnehmung geführt?
Erinnern Sie sich an besonders positive Entscheidungsfindungen. Was hat zu der positiven Wahrnehmung geführt?
Sind die Abläufe in Ihrer Organisation klar, strukturiert und effizient?
Bei welchen Abläufen fehlt es an Transparenz, Struktur und Effizienz?
Denken Sie an den letzten Konflikt, in dem Sie sich befanden. Auf welcher Ebene wurde der Konflikt ausgelöst?

Frage
Wie hätte der Konflikt vermieden werden können?
Was motiviert Sie zur Arbeit und besonderen Leistungen?
Was führt dazu, dass Sie bei der Arbeit nicht Ihr volles Potential nutzen?
Welche wichtigen Veränderungen hat es im letzten Jahr in Ihrer Organisation gegeben?
Wie groß ist der Anteil Ihrer Arbeit an Projekten und auf wie viele Projekte teilt sich diese auf?
Wie werden Projekte in Ihrer Organisation definiert und bearbeitet?
Wie ist Ihre Sichtweise auf die Veränderungen (negativ, neutral, positiv)?
Wie hat sich Ihre Sichtweise im Laufe des Veränderungsprozesses verändert?

Nach vielen Jahren der Arbeit in unterschiedlichen Bereichen und auch der wissenschaftlichen Betrachtung bleiben Organisationen für mich ein komplexes Gebilde, welches ich nur in Teilen verstehe und mir sicher bin, es nie ganz tun zu werden.

Der Blick wird hier oft zu stark auf die technischen Aspekte der Strategie sowie der Aufbau- Ablauforganisation gelenkt. Die waren Herausforderungen liegen aber meist auf der individuellen und der Kommunikations-Ebene sowie im Zusammenspiel der Ebenen.

Die Einführung von KANBAN fordert eine gezielte Betrachtung aller Ebenen und der mit den Veränderungen verbunden Auswirkungen. Kunden, Mitarbeiter und Kommunikation stehen hierbei im Fokus.

2. Entwicklung von Kanban: Die Hintergründe nachvollziehen

Kanban entstand nicht auf einem weißen Blatt Papier über Nacht, sondern ist das Ergebnis eines Prozesses der Entwicklung und Weiterentwicklung, der auch heute nicht abgeschlossen ist. Um Kanban zu verstehen und erfolgreich einzusetzen, ist es hilfreich, einen Blick auf die Entwicklung und beeinflussende Ideen und Konzepte zu werfen.

Die Ursprünge des Einsatzes von Kanban, vornehmlich im Bereich der IT, beruhen auf der Arbeit von David J. Anderson. Der amerikanische IT-Entwicklungsleiter stand Anfang 2000 vor zwei großen Herausforderungen. Erstens wollte es sein Team vor den steigenden Ansprüchen des Managements schützen und ein nachhaltiges Arbeitstempo erreichen. Und zweitens die Frage beantworten, wie agile Ansätze erfolgreich auf das ganze Unternehmen übertragen werden können, ohne dabei gegen Widerstände kämpfen zu müssen.[52]

Auf dem Weg zur Entwicklung von Kanban gab es eine Reihe von Konzepten, die die Entwicklung beeinflussten. Ein Teil lieferte direkt oder indirekt Ideen, die sich in Kanban wiederfinden. Beim anderen Teil sind es gerade die Schwach- und Kritikpunkte, die als Inspiration für Kanban dienen.

---

52 David J. Anderson, *Kanban: Evolutionäres Change Management für IT-Organisationen* (Heidelberg: dpunkt-Verl., 2011), S. 3.

An dieser Stelle können nicht alle Konzepte und Arbeiten in der vollständigen Breite vorgestellt werden. In Abbildung 8 ist eine Auswahl grob auf einem Zeitstrahl angeordnet. In den folgenden Kapiteln wird auf den Ursprung, die Inhalte, aber auch auf Kritikpunkte eingegangen.

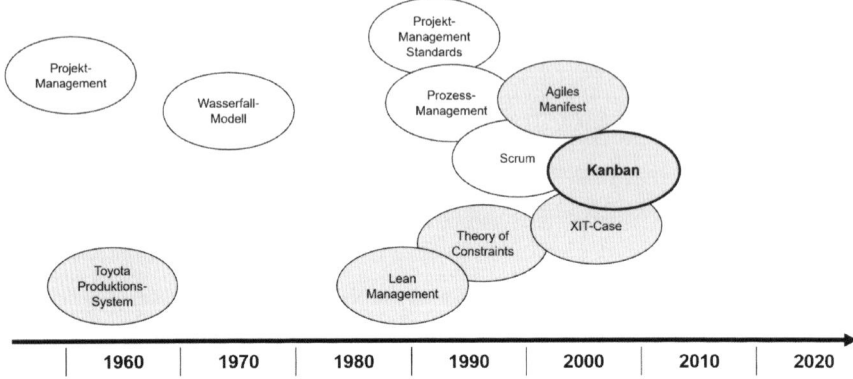

Abbildung 8: Zeitstrahl beeinflussender Konzepte
(eigene Darstellung)

2.1. Projektmanagement

Um sich der Entwicklung zu nähern, ist die Kenntnis und Betrachtung einiger Elemente des klassischen Projektmanagements und eingesetzter Standards hilfreich. Daneben gilt es für den Einsatz von hybriden Ansätzen, die Anknüpfungspunkte zu identifizieren.

Sobald der Mensch große einmalige Aufgaben bewältigen musste, wie z. B. der Bau von großen Bauwerken oder einer Schiffsflotte, mussten Strukturen geschaffen werden, um dies zu bewältigen. Dies bedeutet, dass es mit Sicherheit schon sehr frühe Formen des Projekts-Managements gegeben haben muss. Das Projektmanagement, wie wir es heute kennen, hat noch keine ganz so lange Geschichte. Grundzüge der Systematiken gehen zurück auf die frühen Raumfahrt-Missionen in den 1960 und 1970er Jahren. „Das klassische Projektmanagement wurde wesentlich in den 90er Jahren geprägt und international (uneinheitlich) durch Standards beschrieben."[53]

Auch beim Projektmanagement sind die Definitionen und auch das Verständnis nicht einheitlich. Es können, je nach Hintergrund, unterschiedliche Strömungen auftreten. Es gibt durchaus aber auch deutliche Gemeinsamkeiten, wie die folgenden Definitionen des PMI (Project Management Institut) und GPM (Deutsche Gesellschaft für Projektmanagement) beispielhaft zeigen:

---

53 Claus Hüsselmann, *Das Unified Project Management Framework: Ein generischer Prozessrahmen für Projekte*, 2021.

„*Projektmanagement ist das Anwenden von Wissen, Fähigkeiten, Werkzeugen und Methoden auf Vorgänge des Projekts, damit die Anforderungen des Projekts erfüllt werden.*"[54]

„*Das Projektmanagement befasst sich mit der Anwendung von Methoden, Tools, Techniken und Kompetenzen für ein Projekt, um Ziele zu erreichen. Es wird mithilfe von Prozessen umgesetzt und umfasst die Integration verschiedener Phasen des Projektlebenszyklus.*"[55]

Die Aufgaben der Leitung eines Projektes sind sehr umfangreich und umfassen u.a. Folgendes:

- Identifikation der Anforderungen
- Berücksichtigung der verschiedenen Bedürfnisse, Bedenken und Erwartungen der Stakeholder
- Aufbau und Pflege aktiver Kommunikation mit den Stakeholdern
- Management der Projekt-Ressourcen
- Zielgerichtetes Ausgleichen der Beschränkungen innerhalb eines Projektes:
  - Inhalt und Umfang,
  - Terminplanung,
  - Kosten,
  - Qualität,
  - Ressourcen
  - Risiken.[56]

54 Project Management Institute, *A guide to the project management body of knowledge (PMBOK guide)*, 2017, S. 10.

55 Schoper, Yvonne, Viehbacher, Anja, *Individual Competence Baseline: für Projektmanagement*, 2017, S. 38, https://www.gpm-ipma.de/know_how/icb_4_formular.html, zuletzt aufgerufen im Februar 2021.

56 Project Management Institute, *A guide to the project management body of knowledge (PMBOK guide)*, 2017, S. 542.

Für die Abbildung dieser vielseitigen Aufgaben hat sich die Verwendung von Standards oder auch Frameworks im klassischen Projektmanagement verbreitet. Standards dienen als Orientierungsrahmen für das Projektmanagement. Es lassen sich hoch spezialisierte Standards für z. B. eine Branche oder einen Funktionsbereich und domänenübergreifende Standards unterscheiden.

In einer Untersuchung unter Anwendern des klassischen Projektmanagements nutzen über 80% einen Standard. Der Einsatz eines eigenen Standards liegt bei 30% der Unternehmen vor. Die am häufigsten eingesetzten Standards in Deutschland sind IPMA, PMI und Prince2.

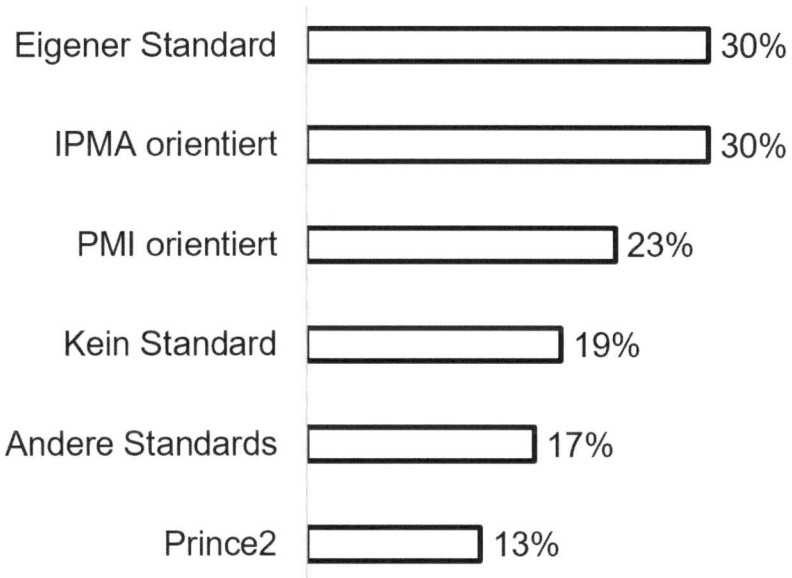

Abbildung 9: Ausrichtung des Projektmanagement-Ansatzes
(Eigene Darstellung in Anlehnung an Komus)[57]

57 Ayelt Komus, *Status Quo (Scaled) Agile: 4. Studie zu Nutzen und Erfolgsfaktoren agiler Methoden*, 2020, S. 150, https://www.hs-koblenz.de/index.php?id=7169, zuletzt aufgerufen im Februar 2021.

Inhalt, Aufbau und Schwerpunkte der Standards fallen recht unterschiedlich aus. Alle bieten ein strukturiertes Rahmenwerk für das Projektmanagement. In Abbildung 10 sind, stellvertretend für andere PM-Standards, die Prozesse des PMBOK vom PMI zusammengefasst. Das PMBOK umfasst 47 Projektmanagement-Prozesse, aufgeteilt nach Wissensgebieten und Prozessgruppen. Die Darstellung dient der Veranschaulichung des Umfangs von PM-Standards. Der Umfang und die übergreifende Anwendbarkeit sind eine große Stärke der Standards. Hierin liegt allerdings auch durchaus ein Kritikpunkt. Der initiale Aufwand für die Einarbeitung und die anschließende Nutzung des Standards ist nicht zu unterschätzen. Die starke Struktur lassen Standards teilweise sehr abstrakt und technisch erscheinen.

Auf die einzelnen Prozesse des Projektmanagements kann an dieser Stelle nicht weiter eingegangen werden. Der Fokus liegt auf den Angriffspunkten bzw. den für Kanban in erster Linie relevanten Prozessen. Diese liegen in der Planung und dem Management von Inhalt und Umfang, Terminen und Ressourcen. In der Abbildung sind diese mit einem schwarzen Rahmen hervorgehoben. Diese Elemente werden oft als Kern der Projekt-Planung und des Managements angesehen. Betrachtet man sich die weiteren Prozesse in Abbildung 10, wird deutlich, das Projektmanagement deutlich mehr umfasst als nur die Planung.

Wissens-gebiete	Projektmanagement-Prozessgruppen				
	Initiierung	Planung	Ausführung	Überwachung und Steuerung	Abschluss
Integrations-management	• Projektauftrag entwickeln	• Projektmanagement planentwickeln	• Projektdurchführung lenken und managen • Projektwissen managen	• Projektarbeit überwachen und steuern • Integrierte Änderungssteuerung durchführen	• Projekt oder Phase abschließen
Inhalts- und Umfangs-management		• Inhalts- und Umfangsmanagementplanen • Anforderungen sammeln • Inhalt und Umfang definieren • Projektstrukturplan erstellen		• Inhalt und Umfang validieren Inhalt und • Umfang steuern	
Terminplanungs-management		• Terminmanagement planen • Vorgänge definieren • Vorgangsfolge festlegen • Vorgangsdauer schätzen • Terminplan entwickeln		• Terminplan steuern	
Kosten-management		• Kostenmanagement planen • Kosten schätzen • Budget festlegen		• Kosten steuern	
Qualitäts-management		• Qualitäts-management planen	• Qualität managen	• Qualität lenken	
Ressourcen-management		• Ressourcen-management planen • Ressourcen für Vorgänge schätzen	• Ressourcen beschaffen • Team entwickeln • Team managen	• Ressourcen steuern	
Kommunikations-management		• Kommunikations-management planen	• Kommunikation managen	• Kommunikation überwachen	
Risiko-management		• Risikomanagement planen • Risiken identifizieren • Qualitative Risikoanalyse durchführen • Quantitative Risikoanalyse durchführen • Risikobewältigungs-maßnahmen planen	• Risikobewältigungs-maßnahmen umsetzen	• Risiken überwachen	
Beschaffungs-management		• Beschaffungs-management planen	• Beschaffungen durchführen	• Beschaffungen steuern	
Management der Projekt-stakeholder	• Stakeholder identifizieren	• Engagement der Stakeholder planen	• Engagement der Stakeholder managen	• Engagement der Stakeholder überwachen	

Abbildung 10: Projektmanagement-Prozessgruppen und Wissensgebiete (Eigene Darstellung in Anlehnung an PMI)[58]

58   Project Management Institute, *A guide to the project management body of knowledge (PMBOK guide)*, 2017.

Innerhalb der Projekt-Planung bildet die Analyse der Anforderungen und die Beschreibung des Projekt-Inhalts und der Produkte des Projektes den Ausgangspunkt. Im Projektstrukturplan (PSP) werden die Liefergegenstände des Projekts und die Projektarbeit in kleinere Komponenten untergliedert. Dies ermöglicht eine bessere Planung, Steuerung und Kontrolle.[59] Der PSP ist das zentrale Element bei den weiteren Planungsschritten. „Der PSP ist eine hierarchische Zerlegung des gesamten Inhalts und Umfangs der durch das Projektteam auszuführenden Arbeit, um die Projektziele zu erfüllen und die erforderlichen Liefergegenstände zu erstellen."[60] Für die Erstellung der Projekt-Struktur gibt es unterschiedliche Ansätze, die vom Projektumfeld und natürlich dem Inhalt abhängen. Der Projektstrukturplan kann objektorientiert (inhalts-, ziel- oder produktorientiert) oder ablauforientiert (prozess-, tätigkeits- oder funktionsorientiert) oder gemischtorientiert sein (objekt- und ablauforientiert gegliedert werden).[61] Ein Beispiel für einen phasenorientierten PSP ist in Abbildung 11 dargestellt.

Die niedrigste Ebene des PSP sind eindeutig gekennzeichnete Arbeitspakete. Diese bilden die Struktur für die hierarchische Summierung von Kosten, Terminen und Ressourcen.[62]

59 Ebd.

60 Ebd.

61 Jürg Kuster et al., *Handbuch Projektmanagement,* 3. Auflage Berlin, Heidelberg: Springer, 2011), S. 126.

62 Ebd.

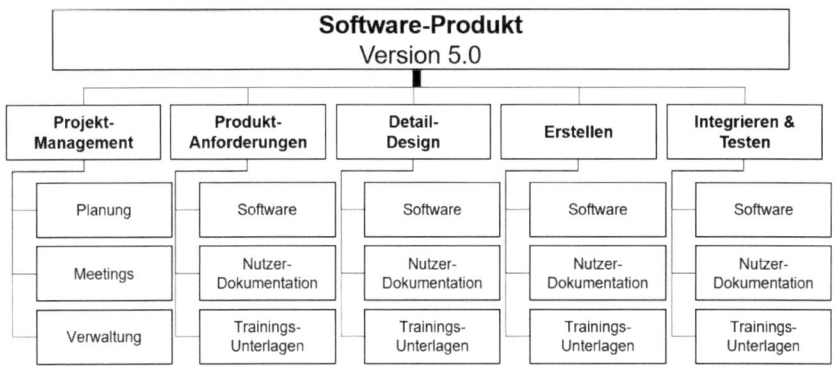

Abbildung 11: Beispiel für einen nach Phasen organisierten Projektstrukturplan (PSP)
(Eigene Darstellung in Anlehnung an PMI)[63]

Als Arbeitspaket wird die Gesamtheit mehrerer Tätigkeiten bezeichnet, die in sich abgeschlossen sein müssen, um ein überprüfbares Resultat zu erhalten. Für jedes Arbeitspaket wird ein Arbeitspaketverantwortlicher bestimmt.[64] Der Projektstrukturplan schafft eine grobe Gliederung der Arbeit. Eine Planung von Dauern, Terminen, Ressourcen und Kosten ist auf dieser Ebene noch schwer möglich. Deshalb werden die Arbeitspakete heruntergebrochen in die dazugehörigen Vorgänge. „Vorgänge repräsentieren den zur Durchführung eines Arbeitspakets benötigten Aufwand."[65] Auf dieser Ebene kann, in Abstimmung mit Experten, die notwendige Reihenfolge festgelegt und die

63 Project Management Institute, *A guide to the project management body of knowledge (PMBOK guide)*, 2017, S. 159

64 Jürg Kuster et al., *Handbuch Projektmanagement,* 3. Auflage Berlin, Heidelberg: Springer, 2011, S. 126.

65 Project Management Institute, *A guide to the project management body of knowledge (PMBOK guide)*, 2017.

Dauer geschätzt werden. Auf Basis dieser Information und den festgelegten Meilensteinen wird ein Terminplan entwickelt und auch die notwendigen Ressourcen und Kostenschätzungen vorgenommen.

Die Vorgaben aus der so erstellten Planung, bilden die Grundlage für die Steuerung des Projektes, in der ein Abgleich zwischen den Planwerten für Inhalt, Termin und Kosten durchgeführt wird. Die Durchführung der Planung orientiert sich dabei auch häufig an der Ebene der Projekt-Steuerung. „Die Planung muss mindestens so detailliert sein, wie wir später kontrollieren möchten." [66] Hierin verbirgt sich eine grundlegende Fragestellung. Der Fokus der Projektplanung liegt häufig in der Nutzung als Kontroll-Instrument und weniger in der wirklichen Abstimmung von Tätigkeiten innerhalb des Teams. Damit hat der Projektplan für die einzelnen Projektmitarbeiter einen eingeschränkten Nutzen. Es wird nur bedingt die wirkliche Arbeitsebene abgebildet und es sind oftmals zusätzliche, detailliertere Listen notwendig.

66   Jürg Kuster et al., *Handbuch Projektmanagement,* 3. Auflage Berlin, Heidelberg: Springer, 2011, S. 148.

Gutes Projektmanagement ist wichtig für den Erfolg von Projekten und durch die Tragweite von Projekten für den Erfolg der ganzen Organisation. Projektmanagement-Standards bieten hier wertvolle Orientierungspunkte und Werkzeuge. Jede Organisation sollte Standard-Vorgehensweisen für unterschiedliche Projekt-Typen und ein gemeinsames Verständnis entwickeln. Die Standards sollten aber auch Flexibilität für die Berücksichtigung der Einzigartigkeit von Projekten bieten.

Nach meiner Erfahrung ist Projektmanagement nach Projektmanagement-Standards für Projekte, die der Projekt-Definition entsprechen, und insbesondere für solche, die eine starke Struktur benötigen, ein geeigneter Ansatz.

Durch einen falschen Einsatz von Projektmanagement innerhalb der Wissensarbeit können leicht Effekte der Unzufriedenheit entstehen. Wenn der Ansatz als nicht angemessenen oder realitätsfern Ansatz wahrgenommen wird. Das Ergebnis des Projektes muss im Vordergrund stehen, das Projektmanagement muss dieses unterstützen und darf nicht den Anschein eines Selbstzwecks erwecken.

2.2. Wasserfall-Modell

Das Wasserfall-Modell ist eines der etablierten Modelle in der Software-Entwicklung. Das Modell kommt häufig in klassischen plangetriebenen Projekten zum Einsatz. Hier wird es seit Jahrzehnten erfolgreich eingesetzt. Die Nutzung wurde dann auf andere Bereiche ausgedehnt. Das Modell steht an dieser Stelle stellvertretend für eine Reihe von traditionellen Vorgehensmodellen. Die Schwachstellen innerhalb dieser Vorgehensweisen bilden Grundlagen für die Entwicklung der Agilität und auch von Kanban.

Die Entstehung der Bezeichnung Wasserfall-Modell wird in der folgenden Abbildung 12 ersichtlich. Die unterschiedlichen Implementierungsschritte der Entwicklung werden wie von einem Wasserfall durchlaufen.

Der ursprüngliche Prozess startet mit der Festlegung der Anforderung an das System und die Software. Die Anforderungen werden analysiert und auf dieser Basis das Programm designt. Im nächsten Schritt wird die eigentliche Programmierung vorgenommen. Vor dem Betrieb wird die Software getestet. Die beschriebenen Entwicklungsschritte laufen nacheinander ab.

Bereits in der frühen Entwicklungsphase 1970 beschreibt Royce die Probleme, die durch das schrittweise Durchlaufen der Entwicklung entstehen können. Sein Vorschlag, um dem entgegenzuwirken, sind entsprechende Rückschleifen, wie in Abbildung 13 dargestellt. Hier werden insbesondere Auffälligkeiten innerhalb des Tests kritisch gesehen. Der weitere Lösungsansatz sieht eine strukturierte Analyse- und Designphase mit entsprechender Dokumentation vor.

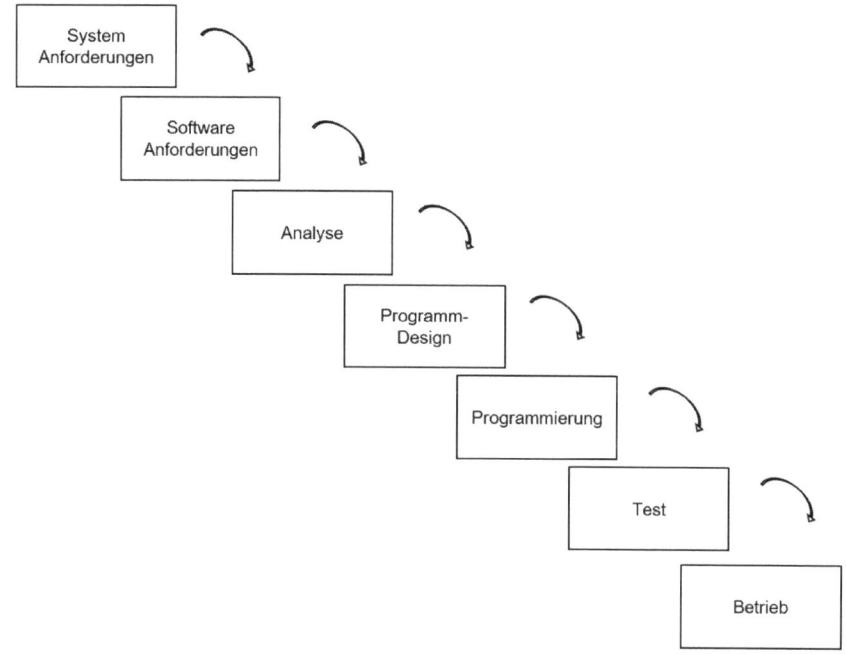

Abbildung 12: Wasserfall-Modell
(Eigene Darstellung in Anlehnung an Royce)[67]

Basierend auf dem Modell wurde über die Jahre eine Vielzahl von Varianten und Erweiterungen entwickelt. Diese wurden immer ausgefeilter und detaillierter – mit spezifischen Vorgaben für den Ablauf und die Dokumentation sowie angepassten Rollenmodellen. Durch zu starre Modelle haben sich die Software-Entwicklung, aber auch andere Anwendungsbereiche von dem kreativen Wissensprozess, hin zu einem unflexiblen „administrativen Monster" verwandelt. Neben dem dynamischen

67 Winston W. Royce, *Managing the development of large software systems: concepts and techniques, Proceedings of the 9th international conference on Software Engineering,* 1970.

Marktumfeld bildet die fehlende Flexibilität des Wasser-fall-Modells den Nährboden für die Entwicklung von agilen Ansätzen.

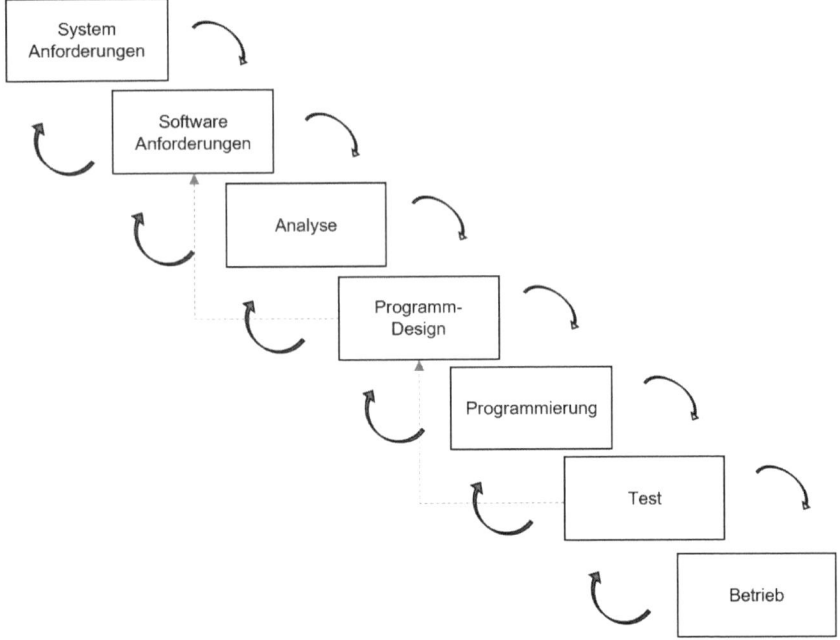

Abbildung 13: Wasserfall-Modell mit Rückschleifen
(Eigene Darstellung in Anlehnung an Royce)68

68 Winston W. Royce, *Managing the development of large software sys-tems: concepts and techniques, Proceedings of the 9th international confe-rence on Software Engineering* (1970).

Trotz aller Kritik bildet das Wasserfall-Modell zurecht ein etabliertes und vielfach eingesetztes Vorgehen. In vielen Bereichen ist ein hohes Maß an Struktur einfach notwendig. Es müssen von Beginn an die Schwachstellen des Modells, die Royes schon anfangs identifiziert hat, berücksichtigt und diesen gezielt entgegengesteuert werden.

2.3. Agiles Management

Agilität ist eines der Schlagworte der letzten Jahre. Kanban wird vielfach als agile Methode beschrieben. Der Begriff der Agilität wurde auf viele Bereiche übertragen. Es wird von agilem Management, agiler Unternehmensführung und agilen Führungsprinzipien ebenso gesprochen wie von agilen Organisationsstrukturen. Wie all diese Begrifflichkeiten zu verstehen sind und wie die reale Anwendung und Ausprägung beispielsweise in Form von Vorgehensmodellen aussieht, befindet sich derzeit noch vielfach in einer Art Entwicklungsphase.[69]

„Agilität ist die Fähigkeit eines komplexen Systems, beispielsweise eines Unternehmens, sich unmittelbar auf Veränderungen der auf sie einwirkenden Umwelt anzupassen."[70] Bedingt durch die vorliegende Dynamik in der Umwelt ist die Zielsetzung der Anpassungsfähigkeit gut nachvollziehbar.

Die Grundlagen von agilen Vorgehensweisen haben ihre Ursprünge in der Software-Entwicklung. Die Ansätze lassen sich gut anhand des 2001 erarbeiteten „Manifests für Agile Softwareentwicklung" veranschaulichen. Dieses ist vollständig in Abbildung 14 dargestellt.

---

69 Andreas Slogar, Die agile Organisation: Wo anfangen? Wie Mitarbeiter und Führungskräfte begeistern? Wie Strukturen und Strategien anpassen?, 2018.

70 Ebd.

Manifest für Agile Softwareentwicklung

Wir erschließen bessere Wege, Software zu entwickeln,
indem wir es selbst tun und anderen dabei helfen.
Durch diese Tätigkeit haben wir diese Werte zu schätzen gelernt:

Individuen und Interaktionen mehr als Prozesse und Werkzeuge
Funktionierende Software mehr als umfassende Dokumentation
Zusammenarbeit mit dem Kunden mehr als Vertragsverhandlung
Reagieren auf Veränderung mehr als das Befolgen eines Plans

Das heißt, obwohl wir die Werte auf der rechten Seite wichtig finden,
schätzen wir die Werte auf der linken Seite höher ein.

Kent Beck	James Grenning	Robert C. Martin
Mike Beedle	Jim Highsmith	Steve Mellor
Arie van Bennekum	Andrew Hunt	Ken Schwaber
Alistair Cockburn	Ron Jeffries	Jeff Sutherland
Ward Cunningham	Jon Kern	Dave Thomas
Martin Fowler	Brian Marick	

Abbildung 14: Manifest für agile Softwareentwicklung
(Eigene Darstellung in Anlehnung an http://agilemanifesto.org)

Eine Reihe von Software-Entwicklern und Beschäftigten in diesem Bereich waren mit den bestehenden Vorgehensweisen unzufrieden und arbeiteten an alternativen Formen. Eine Essenz bzw. Grundsätze dieser Ansätze werden im agilen Manifest dokumentiert. Dabei werden bestehende Praktiken in Frage gestellt. Dies startet mit dem Hervorheben des Individuums und der Interaktion gegenüber Prozessen und Werkzeugen. Die Zielsetzung ist klar: ein gutes Produkt und funktionierende Software zu liefern und nicht den Schwerpunkt auf eine ausgefeilte Dokumentation zu legen. Der Kunde und dessen Bedürfnisse stehen im Vordergrund. Auch hierfür wird eine hohe Reaktionsfähigkeit auf Veränderungen benötigt. Agil bedeutet nicht: *keine Prozesse, keine Dokumentation, keine Verträge und keine Pläne. Agil bedeutet, andere Prioritäten und Schwerpunkte zu setzen.*

Prinzipien hinter dem Agilen Manifest

Wir folgen diesen Prinzipien:

- Unsere höchste Priorität ist es, den Kunden durch frühe und kontinuierliche Auslieferung wertvoller Software zufrieden zu stellen.
- Heiße Anforderungsänderungen selbst spät in der Entwicklung willkommen. Agile Prozesse nutzen Veränderungen zum Wettbewerbsvorteil des Kunden.
- Liefere funktionierende Software regelmäßig innerhalb weniger Wochen oder Monate und bevorzuge dabei die kürzere Zeitspanne.
- Fachexperten und Entwickler müssen während des Projektes täglich zusammenarbeiten.
- Errichte Projekte rund um motivierte Individuen. Gib ihnen das Umfeld und die Unterstützung, die sie benötigen und vertraue darauf, dass sie die Aufgabe erledigen.
- Die effizienteste und effektivste Methode, Informationen an und innerhalb eines Entwicklungsteams zu übermitteln, ist im Gespräch von Angesicht zu Angesicht.
- Funktionierende Software ist das wichtigste Fortschrittsmaß.
- Agile Prozesse fördern nachhaltige Entwicklung. Die Auftraggeber, Entwickler und Benutzer sollten ein gleichmäßiges Tempo auf unbegrenzte Zeit halten können.
- Ständiges Augenmerk auf technische Exzellenz und gutes Design fördert Agilität.
- Einfachheit - die Kunst, die Menge nicht getaner Arbeit zu maximieren -- ist essenziell.
- Die besten Architekturen, Anforderungen und Entwürfe entstehen durch selbstorganisierte Teams.
- In regelmäßigen Abständen reflektiert das Team, wie es effektiver werden kann und passt sein Verhalten entsprechend an.

Abbildung 15: Prinzipien hinter dem Agilen Manifest
(Eigene Darstellung in Anlehnung an http://agilemanifesto.org)[71]

Um diesen Schwerpunkten zu folgen, wird das Manifest noch durch Prinzipien weiter detailliert. Diese sind in Abbildung 15 zusammengefasst.

71 Kent Beck et al., *Manifest für Agile Softwareentwicklung*, 2001, http://agile-manifesto.org/iso/de/manifesto.html, zuletzt aufgerufen im Februar 2021.

In den Prinzipien werden die Ideen des agilen Ansatzes konkretisiert. Durch die Anwendung entsteht eine neue Arbeitsweise. Einige der Prinzipien haben einen starken Fokus auf die Software-Entwicklung, andere lassen sich gut auf andere Prozesse übertragen. Die Befolgung einiger dieser Prinzipien hat dementsprechend auch außerhalb der IT Beachtung gefunden. Agile Ansätze haben in den letzten 10 Jahren auch außerhalb der Software-Entwicklung sehr dynamisch an Bedeutung gewonnen.[72]

Der Weg zur Agilität ist hierbei nicht einfach nur ein Anwenden von neuen Methoden. Es ist eine längerfristige Veränderung der Werte und Einstellungen. „Agile Werte kann man nicht erlernen, man muss sie erfahren und erleben."[73]

Agile Grundsätze und Prinzipien werden in Projekten oft nicht in der Reinform praktiziert, sondern dienen als eine Ergänzung der bestehenden Methoden. „Die Mehrheit der Anwender agiler Ansätze nutzt diese selektiv oder in einer Mischform."[74] Ein Grund hierfür liegt zum einen in der Etablierung bestehender Ansätze, aber auch beim Aufbau von den agilen Methoden. Die bekannten agilen Methoden stellen kein vollwertiges Projektmanage-

---

72 Ayelt Komus, *Status Quo (Scaled) Agile: 4. Studie zu Nutzen und Erfolgsfaktoren agiler Methoden*, 2020, https://www.hs-koblenz.de/index. php?id=7169, zuletzt aufgerufen im Februar 2021.

73 Oliver Linssen et al. (Hg.), *Projektmanagement und Vorgehensmodelle 2019 Neue Vorgehensmodelle in Projekten: Neue Vorgehensmodelle in Projekten – Führung, Kulturen und Infrastrukturen im Wandel*, 2019, Lörrach: GPM e.V., Lörrach, S. 21.

74 Ayelt Komus, *Status Quo (Scaled) Agile: 4. Studie zu Nutzen und Erfolgsfaktoren agiler Methoden*, 2020, https://www.hs-koblenz.de/index.php?id=7169 zuletzt aufgerufen im Februar 2021.

ment-System dar, da wesentliche Disziplinen wie Risiko-, Stakeholder oder Vertragsmanagement in diesen Konzepten nicht abgedeckt werden.[75]

Der Begriff der Agilität wurde für vieles zum Schlagwort. Die Grundideen sind für mich gut nachvollziehbar. Es geht an vielen Stellen um ein Aufbrechen von bestehenden Strukturen. Es werden neue Denk- und Arbeitsweisen benötigt, die besser zu den Fragestellungen der heutigen Zeit passen. Damit können vorliegende und anstehende Veränderungen besser vollzogen werden.

Agilität darf aber keine leere Hülle bleiben, sondern muss langfristig in den vorliegenden Strukturen und vor allem bei den Individuen verankert werden. Dies bedeutet tiefgreifende Veränderungen auf allen Ebenen der Organisation.

75 Oliver Linssen et al. (Hg.), *Projektmanagement und Vorgehensmodelle 2019 Neue Vorgehensmodelle in Projekten: Neue Vorgehensmodelle in Projekten – Führung, Kulturen und Infrastrukturen im Wandel*, 2019, Lörrach: GPM e.V., Lörrach, S. 221.

2.4. Scrum

Eine der meist verbreitetsten agilen Methoden ist Scrum. Basierend auf einer internationalen Studie ist Scrum mit 84% die meistgenutzte agile Methode auf Teamebene.[76] Scrum steht für viele als Sinnbild für agiles Management. Da das agile Management zum einen wirklich erheblichen Einfluss auf die Entstehung von Kanban hatte und zum anderen die Nutzung von Kanban in einer engen Beziehung zum agilen Management steht, werden die Grundzüge von Scrum an dieser Stelle skizziert.

Ausgangspunkt von Scrum ist das Verständnis, dass die Anforderungen und Technologien innerhalb der Entwicklung von Software eine immer stärker steigende Komplexität aufweisen. Basierend auf dieser Ausgangslage ist die Grundidee, in einem iterativen/wiederholenden Vorgehen Inkremente/Zuwächse des Produktes zu erzielen.[77]

Diese Iterationen, in denen Teile des Produkts erstellt werden, werden **Sprints** genannt. Die Projektarbeit wird also in diesen Sprints durchgeführt. Eine gebräuchliche Dauer eines Sprints sind 30 Kalendertage. Diese kann aber auf die Gegebenheiten des Projektes angepasst werden. Dies wird in der folgenden Grafik in Abbildung 16, basierend auf einer Befragung von Scrum-Anwendern, verdeutlicht.

---

76 Ayelt Komus, *Status Quo (Scaled) Agile: 4. Studie zu Nutzen und Erfolgsfaktoren agiler Methoden*, 2020, S. 3, https://www.hs-koblenz.de/index.php?id=7169, zuletzt aufgerufen im Februar 2020.

77 Ken Schwaber & Thomas Irlbeck, *Agiles Projekmanagement mit Scrum: Title from resource description page (viewed Sept. 20, 2009)*, Unterschleissheim: Microsoft Press, 2007, S. 6,.

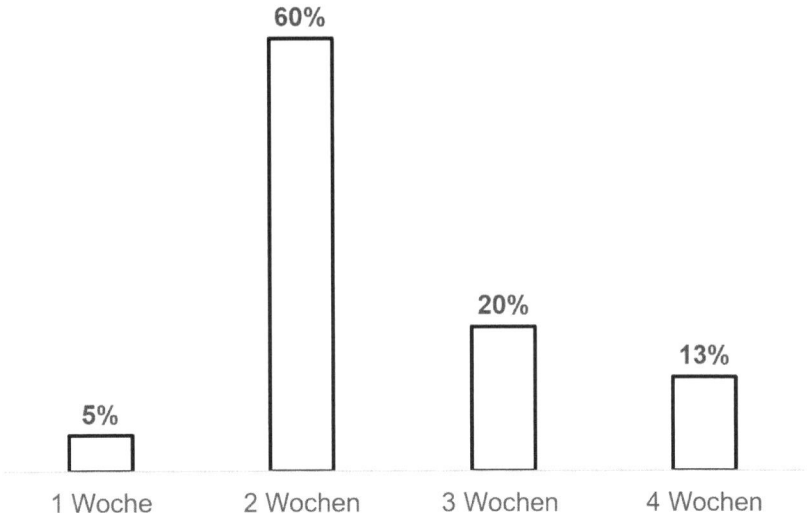

Abbildung 16: Übliche Sprintdauer
(Eigene Darstellung in Anlehnung an Komus)[78]

Die Sprints erfolgen in einem strukturierten Rahmen. Dieser besteht aus festgelegten Rollen, Artefakten und einem definierten Ablauf und Meetings.

Als Rollen sind in Scrum der „Product Owner", das „Scrum-Team" und der „Scrum-Master" definiert. Der **Product Owner** vertritt hierbei die Interessen aller, die einen Anteil am Projekt und dessen Ergebnis haben. Dementsprechend führt der Produkt Owner die Priorisierungen, unter Berücksichtigung der Zielvorgaben, durch. Das **Scrum-Team** ist für die Entwicklung der Funktionalitäten / Erledigung der Aufgaben zuständig. Hierbei verwaltet es sich innerhalb des vorgegeben Rahmens selbstständig.

78 Ayelt Komus, *Status Quo (Scaled) Agile: 4. Studie zu Nutzen und Erfolgsfaktoren agiler Methoden*, 2020, S. 91, https://www.hs-koblenz.de/index.php?id=7169, zuletzt aufgerufen im Februar 2020.

Der **Scrum-Master** trägt die Verantwortung für den Scrum-Prozess. Dies beinhaltet die Vermittlung der Scrum-Inhalte, die Vorgehensweise sowie die Einhaltung der Scrum-Regeln. In Scrum werden gezielt nur direkt an der Ausführung Beteiligte berücksichtigt. Rollen für mit weiteren beteiligten Stakeholdern werden nicht definiert.

In Scrum werden die Artefakte „Product Backlog", „Sprint Backlog" und „Inkrement" eingesetzt. Diese Artefakte sind die zentralen Werkzeuge, die in Scrum eingesetzt werden.

Im **Product Backlog** werden die Anforderungen an das zu entwickelnde Produkt gelistet. Diese basieren auf der Idee oder Vision des zu entwickelnden Produktes und eines dazugehörigen Business Cases/ROI. Der Produkt Owner fasst im Product Backlog funktionale und nichtfunktionale Anforderungen zusammen. Die Anforderungen werden nach ihrem Nutzen priorisiert und grob terminiert. Der Product Owner ist für das Produkt Backlog, dessen Inhalt und Priorisierung verantwortlich. Ausgehend vom agilen Ansatz ist das Product Backlog nicht vollständig oder fertig, wie bei plangetriebenen Ansätzen. Es können durch den Product Owner Anforderungen hinzugefügt, entfernt oder neu priorisiert werden. Und auch die Schätzung wird als initiale Ausgangsschätzung angesehen. Das Product Backlog wird in Tabellenform dargestellt. Inhalte des Backlogs sind die Backlog-Elemente/Anforderungen, eine Schätzung des Aufwands und die verbleibende Zeit bis zur Fertigstellung. Diese Elemente können bei Bedarf ergänzt werden. Die Aufgaben aus dem Product Backlog werden im Sprint Backlog weiter detailliert. Dort wird die Planung des Sprints, im Beispiel 30 Tage, dargestellt. Abbildung 17 zeigt den Aufbau eines Product und Sprint Backlogs.

Product Backlog

Backlog-Beschreibung	Start-Schätzung	Korrektur-faktor	Korrigierte Schätzung	verbleibende Arbeit bis zur Fertigstellung					
				1	2	3	4	5	...
Aufgabe 1									
Aufgabe 2									
Aufgabe 3									
Sprint 1									
Aufgabe 4									
Aufgabe 5									
Aufgabe 6									
Aufgabe 7									
Sprint 2									
...									
Release 1									

Sprint Backlog

Beschreibung Aufgabe	Urheber	Verant-wortlich	Status	verbleibende Arbeit bis zur Fertigstellung				
				1	2	3	...	30
			Nicht gestartet					
			In Arbeit					
			Fertig gestellt					
...								

Abbildung 17: Product Backlog und Sprint Backlog
(Eigene Darstellung in Anlehnung an Schwaber)[79]

79   Ken Schwaber & Thomas Irlbeck, *Agiles Projekmanagement mit Scrum: Title from resource description page (viewed Sept. 20, 2009)* (Unterschleissheim: Microsoft Press, 2007), S. 10-13,

Der Ablauf von Scrum ist klar definiert und es gibt neben den definierten Rollen und Artefakten eine Reihe von Regelterminen, die durchlaufen werden. Diese sind das Sprint Planning Meeting, das Daily Scrum Meeting, das Sprint Review Meeting und das Sprint Retrospective Meeting. Jedes der Meetings hat eine vorgesehene Zielsetzung, Agenda und Zeit-Vorgabe.

Ein Sprint startet mit einem **Sprint Planning Meeting.** In dem Meeting wählt der Product Owner aus dem Product Backlog die umzusetzenden Anforderungen aus, beschreibt diese und beantwortet die Fragen des Teams. Das Team prüft die Umsetzbarkeit und verpflichtet sich zur Umsetzung (Commitment). Im zweiten Teil des Meetings erarbeitet das Team einen Plan, wie die Anforderungen umgesetzt werden. Die Aufgaben werden im **Sprint Backlog** dokumentiert.

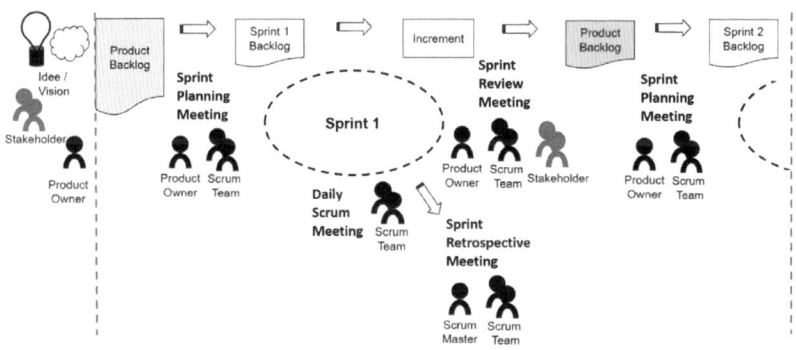

Abbildung 18: Ablauf Scrum (Eigene Darstellung)

Die Arbeit am Sprint Backlog wird durch ein kurzes tägliches **Daily Scrum Meeting** begleitet. In dem Meeting fasst jedes Team-Mitglied kurz zusammen, was es gemacht hat, was es plant zu machen und ob Abweichungen oder Hindernisse aufgetreten sind. Dies unterstützt die autarke Arbeit des Teams und hilft, Probleme frühzeitig zu identifizieren und zu beheben.

Der Sprint wird durch ein **Sprint Review Meeting** abgeschlossen. In dem Termin stellt das Team dem Product Owner und weiteren Stakeholdern vor, was in dem Sprint erarbeitet wurde. Das Ergebnis stellt eine potentiell auslieferbare Funktionalität, ein Inkrement, dar. Neben der Vorstellung des Ergebnisses schafft das Meeting eine gemeinsame Basis für das folgende Sprint Planning Meeting.

Neben dem Inhalt wird die Vorgehensweise innerhalb des Sprints, im **Sprint Retrospective Meeting,** zwischen dem Team und dem Scrum-Master abgestimmt. Zielsetzung ist die Unterstützung der kontinuierlichen Verbesserung des Prozesses.

Der Ablauf von der Idee / Vision bis zum Start des 2. Sprints sowie die eingesetzten Artefakte sind in Abbildung 18 zusammengefasst.

Scrum bietet eine strukturierte Methode, die zur Entwicklung von Software, aber auch für andere Projektformen geeignet ist und vielfach ihre Stärken unter Beweis gestellt hat.

Scrum, wie auch andere agile Ansätze, bietet allerdings auch Anlass zur Kritik:

- Für Scrum müssen neue Rollen und Verantwortlichkeiten in der Organisation geschaffen, trainiert und gelebt werden.
- Scrum benötigt starke Veränderungen innerhalb der Organisation bzw. auch außerhalb des Projektes.
- Scrum orientiert sich nicht an Aufgaben und Aktivitäten, sondern an Anforderungen.

Ich halte die schnelle Bereitstellung von inkrementellen Ergebnissen in einem strukturierten Rahmen für den wirklich herausragenden Beitrag von Scrum. Jeder, der schon mal eine Entwicklung nach klassischen Verfahren wie z. B. dem Wasserfall-Modell durchgeführt hat, kann dies gut nachvollziehen. Man verbraucht viel Zeit für Analyse, Konzeption, Entwicklung und Test, um dann beim Test oder fertigen Produkt eigentlich leicht vermeidbare Abweichungen zu entdecken. Die Rückmeldung des Kunden erfolgt oft zu spät oder kann nicht mehr berücksichtigt werden.

Mit Blick auf meine bisherigen Projekte und Arbeit kann ich die Kritikpunkte an Scrum gut nachvollziehen. Der Einsatz von Scrum hat einige Restriktionen: 1.) die Verfügbarkeit eines Verantwortlichen, der die Anforderungen aller Stakeholder berücksichtigt, 2.) Anforderungen, die sich nach ihrem Nutzen für den Anwender und nicht nach einer logisch zwingenden Sequenz umsetzen lassen sowie 3.) ein Projekt-Team, das kontinuierlich am Projekt arbeiten kann und für ein tägliches Meeting bereitsteht.

Und vor allem: Scrum benötigt eine tiefgreifende Änderung der vorliegenden Strukturen und der Kultur.

2.5. Prozess-Management

Neben der Betrachtung von Projekten ist auch die Auseinandersetzung mit Prozessen und dem Prozess-Management für den Einsatz und die Nutzung von Kanban von Bedeutung. Kanban setzt sowohl mit der Visualisierung des Arbeitsflusses auf Prozessen auf und bildet damit auch eine Möglichkeit der Entwicklung von Prozessen.

Im Prozess-Management wird die Planung, Steuerung, Kontrolle und Umsetzung von Prozessen innerhalb einer Organisation zusammengefasst.[80] Daraus ergibt sich innerhalb einer Organisation, mit der Betrachtung aller enthaltener Prozesse, ein sehr weites Themenfeld.

Ähnlich wie beim Projektmanagement finden sich erste Betrachtungen des Prozess-Managements in den Anfängen des letzten Jahrhunderts. In den 80er und 90er Jahren wurde das Thema intensiver bearbeitet und in Organisationen eingesetzt. Zur Jahrtausendwende kam es dann zu einer starken Verbreitung.

Bis zu den 90er Jahren konzentrierte sich die Betrachtung von Prozessen auf einzelne Abteilungen und nicht auf den Gesamtkontext der Organisation. Die Wissenschaftler Michael Hammer und James A. Champy legten mit Ihrem Konzept „Business Process Reengineering" eine Grundlage für das Prozess-Management.[81] In diesem Ansatz wer-

---

80   Franz Bayer & Harald Kühn, *Prozessmanagement für Experten: Impulse für aktuelle und wiederkehrende Themen*, 1. Auflage Berlin, Heidelberg: Springer Berlin Heidelberg, 2013, S. 12

81   Guido Fischermanns, *Praxishandbuch Prozessmanagement: Das Standardwerk auf Basis des BPM Framework ibo-Prozessfenster®*, 2015, 13.

den Prozesse abteilungsübergreifend betrachtet und eine grundlegende Umgestaltung der Prozesse angestrebt.

Die Entwicklung des Prozess-Managements verläuft weniger institutionalisiert und standardisiert. Prozess-Management wird in Organisationen recht unterschiedlich ausgelegt und genutzt. Neben der der Reorganisation der Prozesse im Rahmen der Einführung von IT-Systemen, wird Prozess-Management im Rahmen des Qualitätsmanagements eingesetzt, bildet einen Teil der Organisations-Lehre oder wird unter den Aspekten der Automatisierung (Workflow) betrachtet.

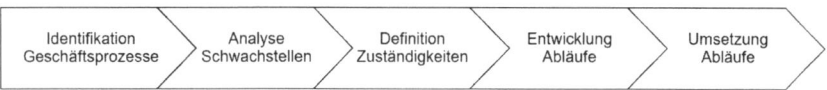

Abbildung 19: Vorgehensweise Business Process Reengineering (Eigene Darstellung in Anlehnung an Scheer) [82]

Ein Vorreiter in Deutschland ist August-Wilhelm Scheer. Scheer sieht die Prozessorientierung als Reaktion auf geänderte internationale Konjunktur- und Wettbewerbsverhältnisse in den 90er Jahren. Diese führe auch zu einer neuen Betrachtung des Einsatzes von IT-Systemen. Die Organisation zeigt Bereitschaft, sich nach dem IT-System auszurichten.[83] Es sind die voranschreitende Globalisierung sowie die Nutzung von Standard-IT-Systemen wie SAP, die in vielen Organisationen den Ausgangspunkt für die Prozessorientierung und Reorganisation bilden. Dabei steht die Neugestaltung und Weiterentwicklung von Pro-

---

82 Ebd., S. 10.

83 August-Wilhelm Scheer, *Prozeßorientierte Unternehmensmodellierung: Grundlagen Werkzeuge Anwendungen*, Wiesbaden: Gabler Verlag, 1994, S. 6.

zessen im Vordergrund (Business Process Reengineering). Scheer schlägt hierfür den in Abbildung 19 dargestellten Ablauf vor.

Der Ablauf beinhaltet die wesentlichen Elemente des Prozess-Managements. Ausgangspunkt bildet die Identifikation der Geschäftsprozesse. Hierbei kann von einem Standard-Modell ausgegangen und dann ein Abgleich mit den Prozessen der Organisation durchgeführt werden. Oder es findet eine spezifische Betrachtung der Abläufe der Organisation statt. Auf Basis der identifizierten und modellierten Ist-Prozesse können Schwachstellen analysiert und bewertet werden. Wesentliches Element ist die klare Definition von Zuständigkeiten. In Abstimmung mit den Verantwortlichen kann dann der Prozess weiterentwickelt und in der Anwendung etabliert werden.

Zur Modellierung nutzt Scheer sogenannte Ereignisgesteuerte Prozessketten (EPK). Die Kernobjekte eines Geschäftsprozesses sind die Funktionen (Aufgaben oder Tätigkeiten), Ereignisse und Verknüpfungsoperatoren.[84] In Abbildung 20 dargestellt.

Ein Großteil der Organisationen hat diese Entwicklungen in vielen Bereich durchlaufen. Die Nutzung von ERP-Software mit Standard-Prozessen hat sich etabliert. Die Modellierung und das Reengineering von Prozessen bildet hierfür eine wichtige Grundlage.

---

84 Ebd., S. 82.

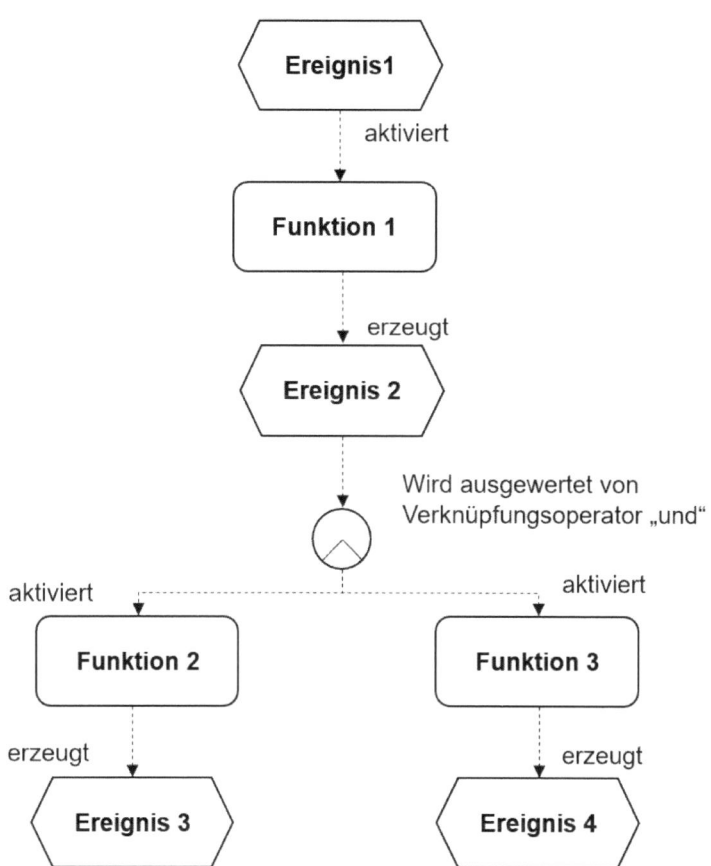

Abbildung 20: Ereignisgesteuerte Prozesskette
(Eigene Darstellung in Anlehnung an Scheer)[85]

Anfang des neuen Jahrtausends kam die Betrachtung innerhalb des Qualitätsmanagements als weiterer wichtiger Aspekt für das Prozess-Management hinzu. Prozessorientierung ist seit der Revision der ISO 9001 im Jahr 2000 eine wichtige Forderung für das Qualitätsmanagement

85   Ebd., S. 83.

und wird sogar als Kern der Qualitätsprinzipien bezeichnet.[86] Weltweit sind fast 1,2 Millionen Betriebsstätten nach der ISO 9001 zertifiziert.[87] Dies zeigt die große Bedeutung und Durchdringung des Prozess-Managements unter Gesichtspunkten des Qualität-Managements. Prozessmanagement umfasst das Planen, das Steuern, das Umsetzen, die Kontrolle bzw. das Messen und das Verbessern von Prozessen.[88] Dabei schreibt die Norm keinen Standard für den Prozess-Management-Prozess oder den Einsatz von Modellierungsverfahren vor.

Für die Modellierung von Prozessen haben sich in den unterschiedlichen Disziplinen, unterschiedliche Sprachen und Methoden gebildet. Dies nahm der IBM-Mitarbeiter Stephen White zum Anlass, eine Standard-Sprache zu entwickeln. Im Jahre 2004 wurde BPMN als Standard-Notation durch Business Process Management Initiative (BPMI) veröffentlicht. Neben der Vereinheitlichung steht ein weiterer Punkt im Vordergrund. Prozessmodelle werden von den Experten aus den Fachfunktionen (Business) erstellt. Diese Modellierung erfolgt unabhängig von der IT, die dann auf Basis der Prozesse entsprechende Systeme entwickeln soll. Die Modelle müssen manuell in Ausführungsmodelle übertragen werden, was zu Aufwand,

---

86 Simone Brugger-Gebhardt, *Die DIN EN ISO 9001:2015 verstehen: Die Norm sicher interpretieren und sinnvoll umsetzen*, 2. Auflage, Wiesbaden: Springer Fachmedien Wiesbaden, 2016, S. 9.

87 ISO, ISO Survey 2018 results: *Number of certificates and sites per country and the number of sector overall*, International Organization for Standardization, 2018, https://isotc.iso.org/livelink/livelink?func=ll&objId=18808772&objAction=browse&viewType=1, zuletzt aufgerufen im Februar 2021.

88 Simone Brugger-Gebhardt, *Die DIN EN ISO 9001:2015 verstehen: Die Norm sicher interpretieren und sinnvoll umsetzen*, 2. Auflage Wiesbaden: Springer Fachmedien Wiesbaden, 2016, S. 16.

Missverständnissen und Fehlern führt.[89] Die Nutzung von BPMN bietet eine Grundlage für die Automatisierung der Prozesse in Workflow-Systemen.

Die Basis Elemente eines BPMN-Diagramms sind in Abbildung 21 zusammengefasst. Die aufgeführten Elemente sind ausreichend für eine einfache Darstellung von Prozessen, können aber noch umfangreich erweitert werden.

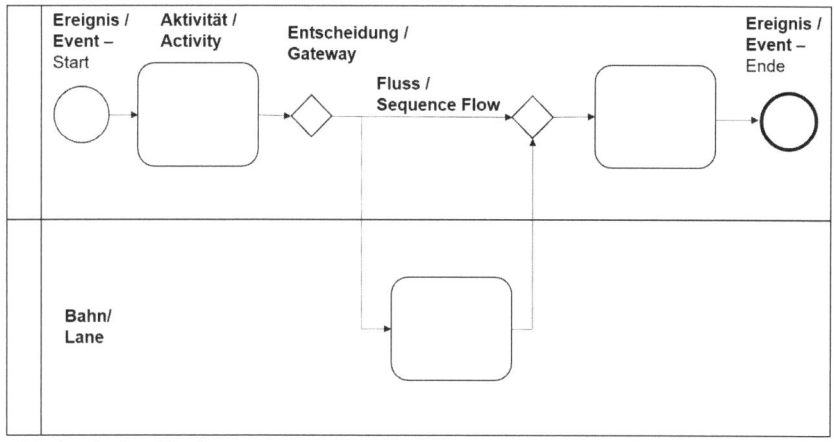

Abbildung 21: BPMN Basis-Elemente (Eigene Darstellung)

Den Rahmen eines BPMN-Diagramms bildet ein Schwimmbecken (Pool). Dieses kann genutzt werden, wenn mehrere Einheiten involviert sind. Die Akteure befinden sich dann in einer Bahn (Lane), möglichst mit der Angabe der Rolle. Der Prozess startet mit einem auslösenden Ereignis bzw. Start-Event und endet mit einem End-Ereignis (Kreis). Ereignisse können genutzt werden, um Prozesse miteinander zu verbinden. Dementsprechend ist

89 Stephen White, *Introduction to BPMN*, 2004, S. 10, https://www.bptrends. com/introduction-to-bpmn/ zuletzt aufgerufen im Februar 2021.

eine durchgängige Benennung vorzusehen. Die Aktivitäten sind in den Rechtecken dargestellt. Bei der Beschreibung der Aktivität sollte auch wirklich eine Aktivität sprachlich dargestellt werden. Eine Benennung mit Objekt und Verb ist hier vorteilhaft. Verzweigungen für parallele Aktivitäten oder Entscheidungen können durch Gateways (Raute) dargestellt werden. Bei Entscheidungen unterstützt die Ergänzung durch eine Frage und Antworten/Optionen auf den Pfaden die Nachvollziehbarkeit. Der Fluss des Ablaufs wird durch Verbindungspfeile dargestellt.

Auch wenn die Prozess-Modelle das erste sind, woran man beim Prozess-Management denkt, decken diese nur einen Teil ab. Prozess-Management benötigt eine zielgerichtete Ausrichtung, Architektur, Rollen, Abläufe, Regeln, Werkzeuge ...

Modernes Prozess-Management muss in der Lage sein, Anforderungen von mehreren Bereichen zu berücksichtigen. Ein einseitiges Prozess-Management, welches nur unter Gesichtspunkten der IT oder des Qualität-Managements ausgerichtet ist, wird schwer vom Rest der Organisation akzeptiert und genutzt werden.

Prozess-Management sollte:

- Transparenz über wesentliche Abläufe im Unternehmen schaffen.
- Grundlage für Qualitäts-Management und Auditierung sein.
- Standardisierung und Harmonisierung von Prozessen unterstützen.
- Weiterentwicklung der Prozesse und Organisation fokussieren.
- Digitalisierung und Automatisierung ermöglichen.

Ein ganzheitliches Prozess-Management beinhaltet mehr als die offensichtliche Erstellung von Prozess-Diagrammen. Es reicht von einer Prozess-Management-Strategie, über den Aufbau einer ganzheitlichen Prozess-Management-Organisation, über die gezielte strategische Steuerung bis hin zur gezielten Weiterentwicklung.

Prozess-Management kann einen hohen Nutzen für Organisationen stiften. Der Weg dahin ist allerdings langwierig und Bedarf eines guten Vorgehens, eines guten Teams und einer Führung, die Prozess-Management als Werkzeug für die Führung versteht.

Ich habe bei Kunden leider auch schlecht umgesetztes Prozessmanagement gesehen: Prozess-Dokumentation in Ordnern, die im Regal verschwinden, Prozesse auf einem Level, das keinen Nutzen stiftet, Prozesse, die nicht der Realität entsprechen usw. Die Ausrichtung dieser Initiativen war vielfach zu einseitig im IT- oder QM-Bereich und zu weit entfernt von den Nutzern und deren unterschiedlicher Anforderungen. Die Fallstricke auf dem Weg zum Prozess-Management sind vielseitig. Der Weg der Einführung einer ganzheitlichen Prozess-Orientierung ist aber lohnend.

2.6. Theorie of Constraints

Für die erste Entwicklung von Kanban von David J. Anderson waren die Ansätze der Theorie von Constraints, die Eliyahu M. Goldratt 1999 in seinem Buch „Das Ziel" beschrieben hat, eine wichtige Inspiration.[90]

ZIEL:
GELD VERDIENEN

DURCHSATZ:
Das Geld pro Zeiteinheit, das von dem System durch Verkäufe verdient wird.

BESTÄNDE:
Das Geld, das in das System für den Ankauf von Dingen die zum Verkauf gedacht sind investiert wurde.

BETRIEBSKOSTEN:
All jenes Geld, das das System dafür ausgibt, Bestände in Durchsatz Zu verwandeln

Abbildung 22: Das Ziel
(Eigene Darstellung in Anlehnung an Goldratt)[91]

90 David J. Anderson, *Kanban: Evolutionäres Change Management für IT-Organisationen*, Heidelberg: dpunkt-Verl., 2011, S. 7

91 Eliyahu M. Goldratt & Dwight Jon Zimmerman, *Das Ziel: eine Business-Graphic-Novel/Eliyahu M. Goldratts ; aus dem Englischen von Joe Paul Kroll*, Frankfurt, New York: Campus Verlag, 2018, S. 38.

Der Fokus von Goldratts Arbeit liegt in der Organisation und hierbei insbesondere der Betrachtung der Abläufe innerhalb der Produktion. Er schafft ein eingängiges Modell und beschreibt dies praxisnah und gut nachvollziehbar in seiner besonderen Schreibform. Die folgende Darstellung in Abbildung 22 veranschaulicht das Ziel.

Um das Ziel „Geld verdienen" zu erreichen gibt es drei wesentliche Einflussgrößen. Den Durchsatz in Form von Produkten, die für den Verkauf bereitstehen. Die Betriebskosten, die anfallen, um den Durchsatz zu erzeugen. Und die Bestände, die alle Investitionen repräsentieren.

Ein besonderes Augenmerk liegt hierbei beim Durchsatz. Der Grundgedanke der Theorie ist es, dass es in jedem System mindestens einen Engpass gibt, der für den Durchsatz des Gesamtsystems entscheidend ist. „Ein Engpass bildet sich, wenn die Kapazität einer Fertigungseinheit gleich oder niedriger als die Nachfrage nach ihr ist."[92] Nur durch die Erweiterung des Engpasses kann der Gesamt-Durchsatz erhöht werden. Eine Verbesserung wird erreicht, wenn man zusammenarbeitet und sich gegenseitig hilft und zwar genau da, wo der Engpass liegt.[93] Es geht um die Betrachtung des Systems als Ganzes und der vorliegenden Einschränkungen (Constraints). Beim Zusammenspiel von abhängigen Ereignissen ergibt sich der Durchsatz aus dem vorausgehendem Arbeitsschritt. Da Beschleunigung beschränkt ist, besteht eine Tendenz zur Verlangsamung.[94]

Diese Betrachtungen stehen auch bei dem Drum-Buffer-Rope-Ansatz im Mittelpunkt. Dieser wird als Steuerungs-

92 Ebd., S. 71.
93 Ebd., S. 63.
94 Ebd., S. 62.

instrument innerhalb des Systems eingesetzt. Der Engpass gibt als Trommel (Drum) den Takt für das Gesamtsystem vor. Damit sich Variabilität innerhalb der vorgelagerten Stufen nicht auf den Engpass und dessen Output auswirken, werden Puffer (Buffer) gebildet. Die Verbindung erfolgt wie bei einem Seil (Rope). Dieses ermöglicht eine lockere Verkettung und gibt aber bei Bedarf die notwendigen Signale weiter.

Einfache Regeln und Visualisierungen helfen dabei bei der Steuerung. Mit einer einfachen Regel und farbigen Markierung kann die Setzung von Prioritäten in der Produktion erfolgen. Dringende Aufträge bekommen ein rotes Etikett und Standard-Aufträge ein grünes. Mit grünen Aufträgen darf erst begonnen werden, wenn keine Aufträge mit roten Etiketten mehr vorliegen.[95]

Innerhalb des Systems ist es noch hilfreich, weitere Elemente einzusetzen. Beispielsweise kann es sinnvoll sein, Aufträge nicht immer vollständig in einem Los abzuwickeln, sondern in kleinere Einheiten zu teilen. Die Produktion von kleineren Chargen und kleineren, kontinuierlichen Lieferungen kann für Produzent und Kunde vorteilhaft sein.[96] Der Produzent kann dadurch ggf. seine Produktion besser auslasten und der Kunde benötigt weniger Lagerkapazitäten.

---

95   Ebd., S. 87.
96   Ebd., S. 118.

Goltratt liefert mit seinen Ansätzen wirklich interessante und inspirierende Sichtweisen. Auf zentrale Fragestellung im Unternehmen werden verständliche, nachvollziehbare Antworten gegeben. In der Praxis scheinen die Antworten leider nicht ganz so einfach auszufallen wie in Goltratts Beispielen. Trotzdem oder gerade deshalb kann dieser Wechsel der Perspektive und der Blick auf den Engpass durchaus hilfreich sein.

2.7. ToyotaProduktionssystems/„kanban"

Die Ursprünge von kanban liegen in der Produktion. Hier wird „kanban" bereits Ende der 1950er Jahre, als Teil des Toyota Produktionssystems entwickelt und eingesetzt. Als kleinen Exkurs lohnt es sich, „kanban" – wie es in der Produktion genutzt wird – ein wenig genauer anzusehen. Die Methode hat sich hier in vielen Branchen als ein geeignetes Steuerungsinstrument etabliert. Hierbei haben auch deutliche Entwicklungen und Variationen stattgefunden. Die Grundideen von Taiichi Ōno bilden aber immer noch den Ausgangspunkt.

Taiichi Ōno, Begründer des Toyota Produktionssystems, beschreibt „kanban" als das Kernstück des Produktionssystems. Das „kanban" dient der Übermittlung von Informationen innerhalb von Toyota und zwischen dessen Zulieferern. Dabei ist die am häufigste genutzte Form ein Stück Papier in einer Plastikhülle. Es enthält Informationen in drei Kategorien: (1) Entnahmeinformationen, (2) Transportinformationen und (3) Produktinformationen. Schon seit 1953 wird das System bei Toyota eingesetzt und über Jahrzehnte weiterentwickelt.[97]

„Im Toyota-Produktionssystem wird Überproduktion durch „kanban" vollständig verhindert."[98]

---

97 Taiichi Ōno, *Das Toyota-Produktionssystem*, 3. Auflage Frankfurt/M.: Campus Verl., 2013, S. 63.

98 Ebd., S. 63.

Kanban basiert dabei auf einem einfachen Regelwerk. Die sechs Kanban Regeln lauten:

1. Ein Arbeitsgang entnimmt Materialien beim vorhergehenden Arbeitsgang.[99]
2. Ein Arbeitsgang stellt nur die vom nachfolgenden zu entnehmende Stückzahl her.[100]
3. Die Entnahme oder Produktion ohne „kanban" ist verboten. [101]
4. Alle Güter müssen mit einem „kanban" versehen werden.[102]
5. Die Produkte müssen hundertprozentig fehlerfrei sein.[103]
6. Die Anzahl der „kanban" soll möglichst gering gehalten werden.[104]

Bei der Betrachtung des Kanban-Systems und der Kanban-Philosophie von Anderson werden Elemente dieser Regeln aufgenommen und weiterentwickelt. Eine wesentliche Folge der Regeln ist die Steuerung nach dem Pull-Prinzip. Dieses wird beispielhaft in Abbildung 23 skizziert. Vom Montageband ausgehend erfolgt die Bereitstellung von Material über den kanban-Kreislauf.

99   Ebd., S. 66.

100 Ebd., S. 73.

101 Ebd., S. 63.

102 Ebd., S. 78.

103 Ebd.

104 Ebd.

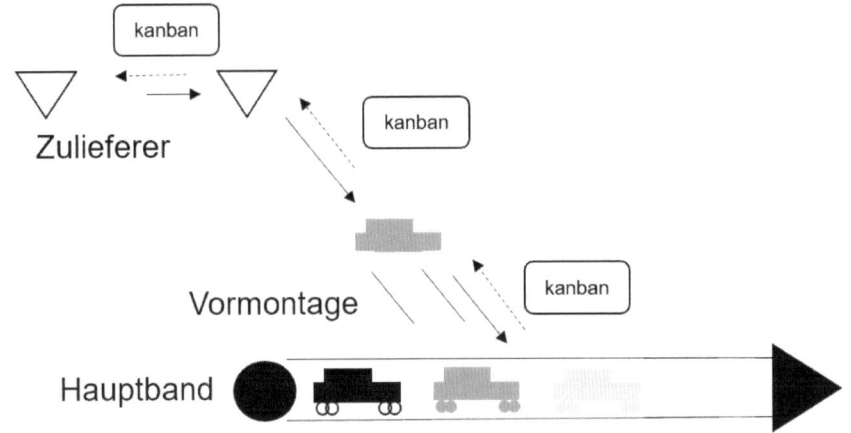

Abbildung 23: Pull-Prinzip

Die Nutzung von „kanban" im Toyota-Produktionssystem bedeutet nicht, dass keine weitere Planung durchgeführt wird.[105] Der Planungsprozess hierbei ist durchaus mit anderen Unternehmen und Industrien vergleichbar. Es wird ein Jahresplan über die ungefähre Stückzahl erstellt und die Monatspläne werden frühzeitig an die Lieferanten weitergegeben. Der Tagesplan wird an alle Produktionsstufen weitergegeben. „Dagegen wird der tägliche Reihenfolgeplan nur an eine Stelle geschickt – das Endmontageband."[106] Der Rest der Steuerung erfolgt über die Informationsweitergabe über „kanban". Die Planung und Steuerung im Toyota-Produktionssystem wird in Abbildung 24 zusammengefasst.

---

105 Ebd., S. 87.
106 Ebd.

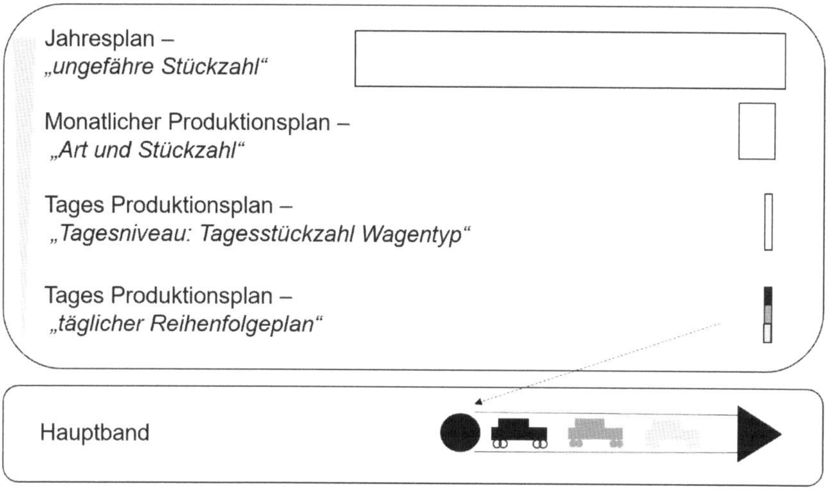

Abbildung 24: Planung – Toyota-Produktionssystem
(Eigene Darstellung)

Einer der Kernpunkte von Ōno ist der Fluss. Nur wenn die Produktion sich im Fluss befindet, können Verschwendungen vermieden werden. Dies ist ein Ansatz, der auch in Kanban verfolgt wird. Es geht darum, das System so zu gestalten, dass Variabilität verringert wird und so die Arbeit im Fluss erfolgt.

Ōno hat mit seinem Toyota-Produktionssystem ein wirklichen Grundstein für viele Bereiche innerhalb der Produktion gesetzt, – auch über die Automobil-Industrie hinaus. Der beschriebene Einsatz von kanban bildet nur einen kleinen Ausschnitt zu der umfassenden Veränderung der Arbeit. Taiichi Ōno legt damit wesentliche Grundlagen für die Philosophie des Lean-Managements.

99

2.8. Lean Produktion und Management

Die große Bekanntheit und starke Präsenz des Toyota-Produktionssystems und die dort aufgezeigten Prinzipien flossen auch in die Forschungsarbeit von Womack, Ross und Jones ein, die am *Massachusetts Institute of Technology* (MIT) forschten. Damit haben sie Anfang der 1990er den Grundstein für den Begriff „Lean" gelegt. In ihren Studien werden die Ansätze der japanischen Automobilindustrie mit der in den USA üblichen Massenproduktion, wie sie Henry Ford geprägt hat, verglichen.[107] Es werden deutliche Vorteile der „schlanken" Produktion aufgezeigt und die eingesetzten Ansätze und Methoden beschrieben.

„Hauptziel und Kern der Lean Production ist es, Verschwendung jeglicher Art erfolgreich zu beseitigen."[108] Verschwendung – im Japanischen *„muda"* – kann in drei Teile eingeteilt werden. Die drei **„Mu"**. Der erste Teil – *„muri"* – beschreibt die Überlastung und die sich daraus ergebenden Konsequenzen, wie erhöhte Fehler oder der negative Einfluss auf die Mitarbeiter. Der zweite Teil – *„mura"* – umfasst die Ungleichmäßigkeit. Eine unharmonische Produktion führt zu einer höheren Belastung von Maschinen und Mitarbeitern. Der dritte Teil enthält die eigentliche Verschwendung: *„muda"*. Diese lässt sich in

107 James P. Womack, Daniel T. Jones & Daniel Roos, *Die zweite Revolution in der Autoindustrie: Konsequenzen aus der weltweiten Studie aus dem Massachusetts Institute of Technology*, 7th ed. Frankfurt/Main: Campus-Verl., 1992, S. 9

108 Dirk H. Traeger, *Grundgedanken der Lean Production*, Wiesbaden: Vieweg+Teubner Verlag, 1994, S. 23.

acht Verschwendungsarten einteilen. Diese sind Überproduktion, Wartezeiten und Leerlauf, unnötige oder falsche Prozesse, unnötige und lange Transportwege, große Lagerbestände, unnötige Bewegungen, Fehler und Fehlerfolgen und ungenutzte Kreativitätspotenziale der Mitarbeiter.[109] Der Zusammenhang ist in Abbildung 25 zusammengefasst.

Überlastung   Ungleichmäßigkeit

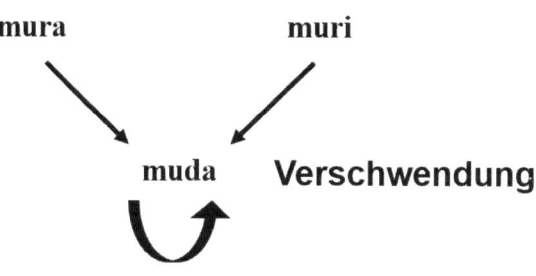

- Überproduktion
- Wartezeiten und Leerlauf
- Unnötige oder falsche Prozesse
- Unnötige und lange Transportwerge
- Große Lagerbestände
- Unnötige Bewegungen
- Fehler und Fehlerfolgen
- Ungenutzte Kreativitätspotenziale der Mitarbeiter

Abbildung 25: Wirkungsweise der drei „Mu"
(Eigene Darstellung in Anlehnung an Treager)[110]

„Womack und Jones formulieren des Weiteren fünf grundlegende Prinzipien des Lean Thinkings: Wertschöpfung, Wertstrom-Orientierung, Flow, Pull und (Streben nach)

109 Ebd., S. 23-28.
110 Ebd., S. 24.

Perfektion."[111] Die Anwendung dieser Prinzipien finden sich auch in Kanban wieder. Für die Umsetzung der Prinzipien werden im Lean-Management eine Reihe von sehr gut funktionierenden Techniken und Werkzeugen eingesetzt. Diese können an dieser Stelle nicht alle vorgestellt werden. Deren Beachtung innerhalb der Analyse ist aber in jedem Fall empfehlenswert.

Ein neuer Ansatz im Lean Management ist der gezielte Einsatz von kontinuierlicher Verbesserung und insbesondere der Einbezug aller Mitarbeiter in diesen Prozess. Dies wird unter dem Begriff „Kaizen" zusammengefasst. „Kaizen ist der Prozess der permanenten, schrittweisen Verbesserung durch alle, besonders durch die Mitarbeiter."[112] Es werden Standards definiert, von denen ausgehend ein kontinuierlicher Verbesserungsprozess erfolgt. Dabei ist Kaizen kein von oben aufgezwungenes einmaliges Vorgehen. „Kaizen ist als geistige Einstellung zu betrachten."[113] Es ist Teil einer Lean-Kultur, in der die Verbesserung und Vermeidung von Verschwendung auf allen Ebenen eine Leitfunktion hat.

Ein wesentliches Element im Lean Management ist ebenfalls die Visualisierung und die darauf basierenden Analysen. Ein Werkzeug, welches sich hierfür etabliert hat, ist der Wertstrom (Value Stream Map). „Die Wertstromanalyse ist eine visuelle Methode, um Prozesse grafisch

111 Oliver Linssen et al (Hg.), *Projektmanagement und Vorgehensmodelle 2019 Neue Vorgehensmodelle in Projekten: Neue Vorgehensmodelle in Projekten – Führung, Kulturen und Infrastrukturen im Wandel*, Lörrach: GPM e.V., Lörrach, 2019, S. 222.

112 Dirk H. Traeger, *Grundgedanken der Lean Production*, Wiesbaden: Vieweg+Teubner Verlag, 1994, S. 5.

113 Ebd., S. 5.

darzustellen."[114] Vorgehen und Darstellung zeigen Ähnlichkeiten zu den Methoden des Prozessmanagements. Der Fokus liegt allerdings auf den technischen Prozessen der Produktion und dem dazugehörigen Informationsfluss. Hierfür wird eine Reihe zusätzlicher Elemente verwendet. Die Darstellung ist dadurch einfach verständlich. Auf Basis des Ist-Wertstroms werden Schwachstellen identifiziert und der Soll-Wertstrom entwickelt.

Die Lean-Ansätze lassen sich auch auf das Projektmanagement übertragen. „Lean Project Management (Lean PM) bezeichnet die weitgehende Adaption von Lean Management-Prinzipien, -Methoden und -Werkzeugen auf die Prozesse des Projektmanagements und die fachlich-fortschreitende Projektbearbeitung."[115] Kernbegriffe aus dem Lean Management, wie der Kunde, Wertstrom, Produkt oder Verschwendung werden in den Projektkontext übertragen und die adaptierten Methoden und Werkzeuge eingesetzt.[116] Abbildung 26 zeigt projekttypische Ursachen für Verschwendung, die im Rahmen des Lean Project Managements gezielt bearbeitet werden. Diese reichen von den Abläufen und der Organisation, über Planung und Design sowie Kommunikation bis hin zur Dokumentation.[117]

---

114 Frank Bertagnolli, *Lean Management: Einführung und Vertiefung in die japanische Management-Philosophie,* 1. Auflage, Wiesbaden: Springer Fachmedien Wiesbaden, 2018, S. 103.

115 Oliver Linssen et al. (Hg.), *Projektmanagement und Vorgehensmodelle 2019 Neue Vorgehensmodelle in Projekten: Neue Vorgehensmodelle in Projekten – Führung, Kulturen und Infrastrukturen im Wandel*, Lörrach: GPM e.V., Lörrach, 2019, S. 223.

116 Ebd., S. 223-232.

117 Ebd.

- Unangemessener Personaleinsatz
- Unnötige personelle Wechsel
- Überflüssige Rüst-/Einarbeitungszeiten aufgrund schädlichen Multi-Taskings
- Überqualifikation
- Uneffiziente Dienstreisen
- Doppelarbeit

- ...

- Unstrukturierte Kommunikation
- Verzögerte und/oder nicht umgesetzte Entscheidungen
- Ineffiziente Meeting-Strukturen
- Überinformation

- ...

Kommunikation

Leistungs-erstellung

Ableufe & Organisation

Dokumentation & Datenverarbeitung

Planung & Design

- Überplanung
- Fehler
- Überspezifikation
- Unnütze Anforderungen („Goldene Wasserhähne")

- ...

- Unnötige Dokumentation
- Unnötige Datenverarbeitung (Speicherung, Erfassung, Transfer)
- Redundante Datenablage
- Dokumentensuche

- ...

Abbildung 26: Projekttypische Ursachen für Verschwendung
(eigene Darstellung in Anlehnung an Hüsselmann) [118]

---

118 Ebd., S. 226.

Die Philosophie und Werkzeuge des Lean Managements haben sich in vielen Bereichen etabliert und zeigen deutliche Erfolge. Ich sehe aber auch immer wieder Beispiele, bei denen die strukturierte Betrachtung und Vermeidung von Verschwendung zu weit führt. Einzelne Bereiche z. B. in der Produktion werden „überoptimiert". Weit wichtigere Fragestellung werden aber nicht erkannt.

2.9. XIT Case

Der XIT Case gilt als der erste Kanban-Anwendungsfall. Im Jahr 2004 übernahm der Microsoft Manager Dragos Dumitriu ein Programmier-Team, welches einen schlechten Ruf hatte. Dies lag insbesondere an den langen Durchlaufzeiten. Dumitru analysierte die Situation, wendete einfache Regeln an und setzte diese um. Der Workflow wurde visualisiert, unnötige Aufwandsschätzungen aufgegeben, der Work in Progress limitiert und klare Abmachungen für Input und Output vereinbart. Dadurch konnte das Team seine Leistung in nur fünf Quartalen deutlich steigern.[119] Die Durchlaufzeit wurde deutlich reduziert und mehr Aufgaben verlässlich gelöst. Der Erfolg der Vorgehensweise und das gezielte Zusammenführen dieser Elemente legten einen Grundstein für Kanban.

Dumitru hat sich vorurteilsfrei der Aufgabe angenommen. Er ist nicht in vorgefertigte Muster gefallen oder hat die Schuld im Team gesucht. Man erkennt dies sehr gut in den tiefgehenden Analysen, die Dumitru durchgeführt hat. Er hat intensiv mit dem vorhandenen Datenmaterial gearbeitet. Problemstellungen und Lösungsansätze wurden auf einfache Weise visualisiert. Diese Arbeit bildete einen wichtigen Grundstein für den Erfolg.

Microsoft hatte zu dieser Zeit einige sehr klare unternehmensweite Regeln. So musste die Entwicklung nach dem standardisierten „Personal Software Process / Team Software Process" erfolgen. In vielen Fällen wäre es nahelie-

---

119 David J. Anderson, *Kanban: Evolutionäres Change Management für IT-Organisationen*, Heidelberg: dpunkt-Verl., 2011, S. 43-45.

gend und gelebte Praxis, dem Prozess, der Methode oder etwas Ähnlichem die Schuld zuzuweisen. Diese Zuweisungen, mögen diese auch oft zu treffend sein, führen allerdings zu keiner Verbesserung. Es sind Regeln, die eingehalten werden müssen. Daran zu arbeiten, ist verschwendete Energie. Der Fokus auf das Veränderliche und die Veränderung geht verloren. Regeln, die verändert werden können, gilt es dann entschieden anzupassen.

Dies hat Dumitru getan und dabei einen weiteren wichtigen Punkt berücksichtigt. Häufig neigt man dazu, basierend auf guten Analysen und Lösungsansätzen, zu versuchen, andere von der Lösung zu begeistern und benötigt hierfür viel Zeit und Aufwand. Dumitru hat sich nicht auf seine Lösung verlassen und versucht, diese alleine zu verkaufen. Er hat einen nützlichen Vorteil für sein Gegenüber gesucht und hiermit die Zustimmung für die Anpassungen der Regeln herbeigeführt. Hier sieht man, wie wichtig es sein kann, an der richtigen Stelle einen guten „Deal" vorzubereiten. In der Regel möchten Kunden keine besseren Konzepte, sondern bessere Ergebnisse.

Aus meiner Sicht schafft der XIT-Case ein gutes Verständnis darüber, worum es bei Kanban geht. Es geht nicht um Boards mit bunten Zetteln, sondern die nachhaltige Verbesserung der Arbeit auf Basis von soliden Analysen und einer Umsetzung in kleinen Schritten.

Reflexionsfragen Kapitel 2

Frage
Welche Erfahrungen haben Sie mit der Nutzung von PM-Standards gemacht?
Welche Konflikte kennen Sie beim Vorgehen nach dem Wasserfall-Modell?
Welche Stärken sehen Sie im agilen Management?
Welche Hürden sehen Sie bei der Nutzung von Scrum für Ihre Aufgaben?
Wie wird in Ihrer Organisation mit Prozessen umgegangen?

Wo ist der Engpass in Ihrem Tätigkeitsbereich?

Worin sehen Sie das Erfolgsgeheimnis von Kanban in der Automobilindustrie?

Wo sehen Sie bei ihrer Arbeit die größten Verschwendungen?

Welche Erfahrungen haben sie mit Führungskräften, die ein neues Team übernehmen?

Welche Schritte hätten Sie durchgeführt, wenn Sie ein Team mit einer schwachen Performance, wie XIT, übernehmen?

3. Kanban-Board: Den Fluss visualisieren

Visualisierung spielt bei Kanban eine wesentliche Rolle. Ein Kern-Element zur Visualisierung ist das Kanban-Board. Das Board ist auch vielfach das erste, woran man bei dem Begriff Kanban denkt. Die Stärke des Boards ist der einfache bzw. intuitive Aufbau. Dieser erschließt sich in der Regel beim Betrachten oder nach einer kurzen Erläuterung. Das Board ist der statische Teil der Darstellung. Auf dem Board sind die Kanbans angebracht. Die Karten bilden die zu erledigenden Aufgaben ab und werden auf dem Board hin und her bewegt.

Der kritische Beobachter mag sagen, dass das Kanban-Board nichts Weiteres als eine To-do-Liste ist. Mit dieser Aussage hat er auch auf den ersten Blick nicht ganz unrecht. Das Kanban-Board ist eine recht clevere To-do-Liste. Man oder besser das ganze Team, sieht auf einen Blick wie sich die Arbeit darauf bewegt, was gerade blockiert ist, wer woran arbeitet, welche Aufgaben es gibt oder wie der Grad der Fertigstellung ist.[120] Anzumerken ist, dass nicht jedes Board, auf dem sich bunte Zettel befinden und der Status der Arbeit enthalten ist, ein Kanban-Board ist. Gibt man den Begriff Kanban bei der Bilder-Suche einer großen Suchmaschine ein, findet man vielfach recht einfache Darstellungen. Dies ist in Abbildung 27 dargestellt. Das Board enthält drei Status-Spalten mit der Einteilung in *To Do / Doing / Done* oder *Offen / In Arbeit / Erledigt*. In

120 Mike Burrows, Florian Eisenberg & Wolfgang Wiedenroth, *Kanban: Verstehen, einführen, anwenden*, 1. Auflage Heidelberg: dpunkt.verlag, 2015, S. 5.

einigen Situationen ist diese Form der schnellen Abbildung eines Boards hilfreich und nützlich. Sie ist in jedem Fall besser als eine lange unübersichtliche Liste oder gar keine Form der Aufgaben-Visualisierung.

To Do	Doing	Done

Abbildung 27: Aufgaben Board (Eigene Darstellung)

3.1. AufbauundInhaltdesKanban-Boards

Wie auch das einfache Aufgaben-Board ist das Kanban-Board in einer Tabellenstruktur angeordnet. Diese Struktur ermöglicht es, auf einem üblichen Whiteboard ausreichend Platz zu finden. Eine reduzierte Form wird in Abbildung 28 gezeigt.

Input Queue	Prozess 1		Bereit für Prozess 2	Prozess 2		...	Bereit zur Freigabe	Produktiv
	In Arbeit	fertig		In Arbeit	fertig			
				Fluss				

Abbildung 28: Kanban Board
(Eigene Darstellung in Anlehnung an Anderson) [121]

Auf dem Kanban-Board wird ebenfalls eine Information für den Status der Aufgaben verwendet. Hierfür ist jeweils eine Spalte vorgesehen. In einem Kanban-Board wird der Fluss der Arbeit visualisiert. Dementsprechend wird der Fluss / Workflow in die einzelnen Prozesse / Teil-Prozesse / Aktivitäten aufgeteilt und in dieser Form dargestellt. Die Darstellung erfolgt in Flussrichtung von links nach rechts.

121 David J. Anderson, *Kanban: Evolutionäres Change Management für IT-Organisationen* Heidelberg: dpunkt-Verl., 2011, S. 75.

Für jeden Prozess gibt es dann Spalten für den Status. Die Spalten für den Arbeitspuffer sind hierbei optional.

Die Bearbeitung startet in der Input-Queue, in der neue Aufgaben zusammengefasst werden. Auch wenn es durch die Nähe zur agilen Entwicklung oft so verwendet wird und diese Nutzung auch möglich ist: Die Input-Queue im Kanban-Board entspricht nicht zwingend dem Backlog von Scrum. In der Input-Queue werden alle qualifizierten Aufgaben, deren Bearbeitung noch nicht begonnen wurde, gesammelt. Es gibt aber nicht zwingend eine Systematik wie innerhalb von einem Produkt-Backlog, in dem systematisch Elemente des „Produktes" beschrieben werden.

Die Zeilen innerhalb des Boards können unterschiedlich genutzt werden, um zusätzliche Struktur zu schaffen. Diese können z. B. dafür genutzt werden, um die benötigten Kapazitäten für unterschiedliche Arten von Aufgaben zu ermitteln oder Teams zusammenzufassen.

Bei der Arbeit mit dem Board oder auch schon beim Design wird es Fragestellungen geben, die eine Erweiterung des Boards-Designs notwendig machen. Hier gibt es eine Reihe von Möglichkeiten – z. B. durch zusätzliche Zeilen, die Nutzung von Farb-Codes oder den Einsatz von anderen Formen – spezifische Fragestellungen zu lösen.

Eine der Fragestellungen ist die Darstellung von parallellaufenden Prozessen oder Aktivitäten. Zwei Möglichkeiten sind in Abbildung 29 am Beispiel eines Software-Entwicklungs-Prozesses vereinfacht zusammengefasst.

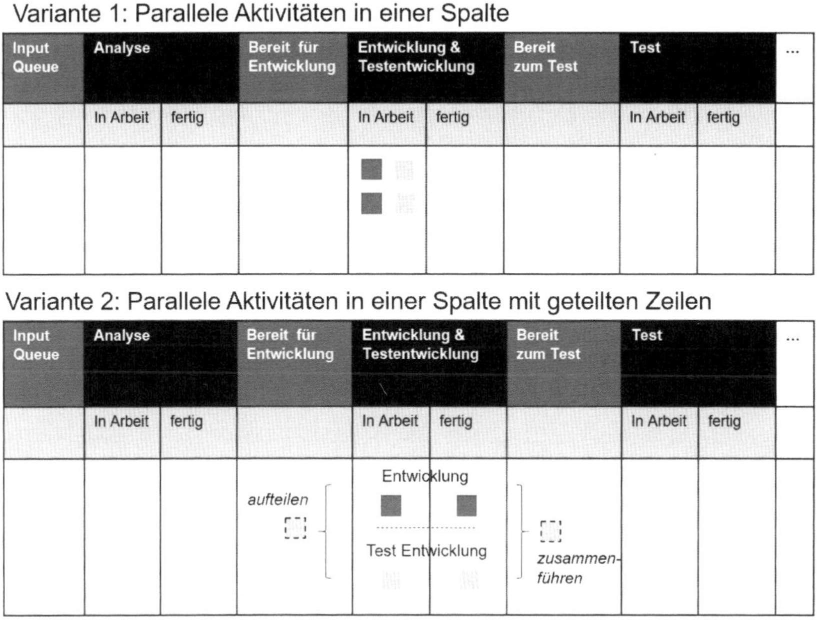

Variante 1: Parallele Aktivitäten in einer Spalte

Input Queue	Analyse		Bereit für Entwicklung	Entwicklung & Testentwicklung		Bereit zum Test	Test		...
	In Arbeit	fertig		In Arbeit	fertig		In Arbeit	fertig	
				▪					
				▪					

Variante 2: Parallele Aktivitäten in einer Spalte mit geteilten Zeilen

Input Queue	Analyse		Bereit für Entwicklung	Entwicklung & Testentwicklung		Bereit zum Test	Test		...
	In Arbeit	fertig		In Arbeit	fertig		In Arbeit	fertig	
			aufteilen	Entwicklung ▪	▪	zusammen-führen			
				Test Entwicklung					

Abbildung 29: Darstellung KANBAN-Board bei parallelen Aktivitäten (Eigene Darstellung in Anlehnung an Anderson)[122]

In der Variante 1 werden beide Prozesse in die Spalten-Überschrift übernommen und die Karten in einer Spalte zusammengefasst. Über eine feste Position oder unterschiedliche Farben können dann die Prozesse unterschieden werden. In Variante 2 wird die Spalte in 2 Zeilen aufgeteilt. Im Beispiel gibt es eine Zeile für Entwicklung und eine Zeile für die Test-Entwicklung. Für die parallele Bearbeitung erfolgt auch eine Aufteilung der Karten und eine anschließende Zusammenführung nach der Bearbeitung. Es gibt auch Prozesse und Aktivitäten die in keiner festen Reihenfolge durchlaufen. Hiermit kann ähnlich vorgegan-

122 Ebd., S. 83.

gen werden. Es können die Aktivitäten in einer Spalte durchlaufen und gekennzeichnet werden oder es findet eine Aufteilung in unterschiedliche Zeilen innerhalb der Spalte statt.

Das Kanban-Board bietet eine gute verständliche Grundstruktur, um den Fluss der Arbeit nachvollziehbar zu dokumentieren und um mit Flexibilität auf individuelle Fragestellungen einzugehen. Im Zweifel ist ein einfacher Ansatz vielen komplizierten Regeln vorzuziehen.

3.2. AufbauundInhaltderKanban-(Karte)

Das Kanban-Board bildet nur den Rahmen. Für die eigentliche Darstellung der Aufgaben werden Karten verwendet. Diese sind die beweglichen Elemente innerhalb des Kanban-Boards. Auf den Karten sind die Informationen zu einem Arbeitselement/zu einer Einheit zusammengefasst.

In dem Zentrum des Kanban steht der Titel des Arbeitselements und eine weitere Beschreibung. Titel und Beschreibung sind so zu gestalten, dass auch auf Basis des eingeschränkten Platzes auf der Karte der Inhalt des Arbeitselements nachvollziehbar ist. Gerade bei wiederkehrenden Arbeitselementen oder ähnlichen Arbeitselementen sollte der Titel eindeutig sein.

Das Arbeitselement kann aber auch mit einer Identifikationsnummer eindeutig identifiziert werden. Hier besteht auch bei der Nutzung von Ticket-Systemen, wie in der IT oder auch anderen Bereichen mittlerweile gebräuchlich, die Möglichkeit, eine Verbindung zu schaffen. Alternativ können über die Nummer auch weiterführende Information verknüpft werden. Da der Platz auf der Karte eingeschränkt ist, kann es notwendig sein, weitere Informationen oder Dokumente zu hinterlegen.

Die Karte sollte durch ein Datum gekennzeichnet sein. Das Datum sollte den Tag wiedergeben, an dem das Kanban erstellt wurde. Neben dem Erstellungsdatum ist es für einige Arbeitseinheiten notwendig, einen Termin für die Lieferung festzulegen und diesen direkt sichtbar auf der Karte anzuzeigen.

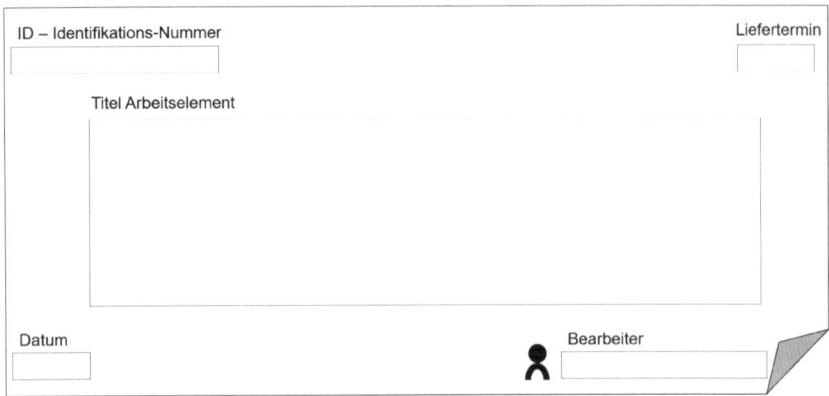

Abbildung 30: Aufbau einfacher Kanban-Karte
(Eigene Darstellung)

Für jedes Kanban in Bearbeitung ist es sinnvoll, diesem einen Bearbeiter zuzuordnen. Bedingt durch den Aufbau des Kanban-Boards und die Aufteilung in unterschiedliche Aktivitäten, ist es möglich, dass die Bearbeitung durch mehrere Bearbeiter erfolgt. Dem folgend kann die Zuordnung nicht fest auf der Karte erfolgen, sondern muss flexibel durch z. B. einen Aufkleber oder Magneten abgebildet werden.

Ein einfaches Kanban ist in Abbildung 30 dargestellt. Die vorliegenden Informationen können bei Bedarf ergänzt oder reduziert werden.

Neben dem Aufbau der Kanban kann als zusätzliches Element der Visualisierung mit unterschiedlichen Farben der Karten gearbeitet werden. So können z. B. besonders dringende Aufgaben farblich hervorgehoben werden.

3.3. Umsetzung des Kanban-Boards

Die ursprüngliche Umsetzung eines Kanban-Boards erfolgt auf einem White-Board mit Klebezetteln. Ein Whiteboard bietet genau die richtige Balance zwischen Beständigkeit und Flexibilität.[123] Es bietet ausreichend Platz für die Darstellung der Information und gehört in vielen Büros zur Standard-Einrichtung. Am vorteilhaftesten ist die Abbildung auf der mobilen Version des Boards. Sollte kein White-Board verfügbar sein oder dieses für andere Dinge benötigt werden, kann das Kanban-Board auch auf einem Brown-Paper abgebildet werden.

Im Anfangsstadium, wenn die Erfahrungen noch beschränkt sind, ist es sinnvoll, die notwendigen Markierungen noch flexibel mit einem Stift einzuzeichnen. Mit zunehmender Erfahrung und Stabilität des Board-Designs können dann feste Linien und Markierungen genutzt werden. Hierfür gibt es spezielles Klebeband. Wird ein magnetisches Board genutzt, kann auch magnetisches Band verwendet werden.

Ein magnetisches Board ermöglicht auch den Einsatz von magnetischen Aufgaben-Karten und Magneten für die Darstellung der Bearbeiter. Die klassische Karte ist ein bekannter Klebezettel, der die Vorteile der hohen Einfachheit, Verfügbarkeit und einer Vielfalt an Farben bietet, aber auch durchaus die bekannten Nachteile des eingeschränkten Platzangebotes und doch begrenzten Haf-

---

123 Jim Benson & Tonianne D. Barry, *Personal Kanban: Visualisierung und Planung von Aufgaben, Projekten und Terminen mit dem Kanban-Board*, Heidelberg: dpunkt.verl., 2012, S. 26.

tungsvermögens mit sich bringt. Im Handel gibt es mittlerweile eine ganze Reihe an Zubehör und ganzen Kan-
ban-Sets, die die Abbildung des Boards und die Arbeit
damit erleichtern.

Ein Punkt, der bei der Nutzung von „analogen" Kanban-
Boards in jedem Fall zu beachten ist, ist der Einsatz von
Schrift. Große Teile der Mitarbeiter sind das Schreiben am
Computer gewöhnt. Das händische Schreiben auf Tafeln
oder Karten mit beschränktem Platzangebot gehört nicht
mehr unbedingt zur Stärke von vielen Mitarbeitern. Dies
sollte allerdings dem Kanban-Einsatz nicht im Wege stehen. Es empfiehlt sich, dem frühzeitig entgegenzusteuern.
Die Einhaltung von ein paar Tipps und ein wenig Übung
sind hier bei recht hilfreich. Die Verwendung von Druck-
buchstaben in einer dafür vorgesehenen Schrift wie z. B.
die Neuland-Schrift vereinheitlicht die Darstellung. Für das
Schreiben sollte ausreichend Zeit vorgesehen werden.

Reflexionsfragen Kapitel 3

Frage
Welche Instrumente nutzen Sie, um Ihre Arbeit zu strukturieren und zu visualisieren?
Welche Darstellungen vom Board hatten Sie bisher vor Augen?
Welche Erfahrungen haben Sie mit der kompakten Zusammenfassung von Informationen?
Wie würde eine Karte für eine Tätigkeit aussehen, die Sie gestern ausgeübt haben?
Welche Erfahrungen haben Sie mit der Arbeit an White-Boards?

Unabhängig von Kanban halte ich den Einsatz von Boards für eine ausgezeichnete Technik zur Visualisierung der verschiedensten Aufgaben. Die Nutzung von Boards wird sich langfristig in vielen Bereichen durchsetzen. Die Erfahrung zeigt aber auch, dass die reine Visualisierung nicht ausreichend ist. Die Gestaltung der Zusammenarbeit benötigt mehr.

4. Kanban-System: Den Fluss gestalten

Kanban lässt sich mit dem Bild eines Eisbergs vergleichen. Das in Kapitel 3 vorgestellte Kanban-Board ist die sichtbare Spitze des Eisbergs. Darunter verbirgt sich aber deutlich mehr, es ist nur bei dem oberflächlichen Blick nicht zu erkennen. Kanban basiert auf der Gestaltung eines Systems, welches den Fluss der Arbeit lenkt. Dahinter steht aber auch eine Änderung in der Philosophie, wie gearbeitet wird. Dies führt zu einer Veränderung der Kultur und Werte.

Eine Hauptursache für vorliegende Probleme bei der Arbeit liegt darin, dass Teams ihren eigenen Arbeitsfluss nicht unter Kontrolle haben.[124] Dieser Arbeitsfluss muss gezielt analysiert und gestaltet werden, um den Teams die Kontrolle über die Arbeit zu geben.

David Anderson und weitere Autoren bezeichnen Kanban als System. Diese Einteilung ist, wenn man sich die Merkmale eines Systems ansieht und betrachtet, was KANBAN ausmacht, nützlich. In einem System sind festgelegte Elemente in einer geordneten Struktur verknüpft. Die Elemente befinden sich in Relationen zueinander. Für das System ist eine Grenze definiert, die über bestimmte Verbindungen zu Elementen außerhalb des Systems verfügt. Durch die Abgrenzung können und müssen sowohl Regeln innerhalb des Systems als auch Regeln der Interaktion an den Systemgrenzen definiert werden. Für das

---

124 Christophe Achouiantz & Johan Nordin, *The Kanban Kick-start Field Guide: Create the Capability to Evolve.*

Kanban-System gelten feste Regeln. Diese Regeln dienen der Gestaltung des Arbeitsflusses.

Zur Veranschaulichung ist es sinnvoll, einen Blick auf einige Effekte zu werfen, die entstehen, wenn der Arbeitsfluss ungesteuert oder plangetrieben abläuft. In einem ungesteuerten Arbeitsfluss werden Aufgaben ungesteuert zu nicht definierten Terminen und ggf. von unterschiedlichen Gruppen vergeben. Die Arbeit wird von der Ressource oder einem Vorgesetzten priorisiert und auf Basis der Priorität abgearbeitet. Es kommt zu Stauung an Engpässen, die nur bedingt identifiziert werden können. Im plangetriebenen Fall wird die Arbeit zu einem fest definierten Termin zugeordnet. Die Zeiten sind in einem Rahmen fest vorgegeben. Dabei basieren die Zeiten auf Schätzungen, die meist im Vorfeld unter Annahmen und Bedingungen getroffen wurden, die nur bedingt so eintreten. In beiden Fällen liegt eine Tendenz dazu vor, dass Arbeitsvorrat und -last ungleichmäßig verteilt sind und sich die Arbeit nicht im „Fluss" befindet. Dies kann negative Auswirkungen für alle Beteiligten zur Folge haben.

Dieser Fluss wird im Kanban-System geschaffen. Für das Kanban-System wird eine klare Systemgrenze vorgesehen. Dies bedeutet auszuwählen, in welchem Bereich die Kanban-Regeln angewendet werden. Hierbei kann es sich um das gesamte Portfolio, ein Projekt, ein Teilprojekt, ein Team oder sogar um nur eine Person handeln. An den Systemgrenzen kommt es zur Interaktion mit anderen Systemen bzw. Beteiligen. Im Projektbereich wären dies die Stakeholder. Diese treten sowohl in der Rolle als Input-Geber als auch als Output-Empfänger auf.

Die Arbeit innerhalb des Systems, die den Input in Output verwandelt, wird in einem definierten Prozess durchgeführt. Es wird festgelegt, in welchem Rhythmus die Arbeit in das System kommt und in welchem Rhythmus Ergebnisse bereitgestellt werden. Wenn die Art der Aufgaben recht unterschiedlich ist, ist es sinnvoll, diese in Aufgaben-Typen und Service-Klassen zu gliedern. Den einzelnen Aktivitäten innerhalb des Prozesses können dann entsprechend Ressourcen zugeordnet werden, die ein Kapazitätsangebot bereitstellen. Um eine Balance zwischen dem Kapazitätsangebot und dem Kapazitätsbedarf zu schaffen, muss die Arbeit, die in das System kommt und sich im System bewegt, limitiert werden.

Die Elemente eines Kanban-Systems und ihr Zusammenwirken ist in Abbildung 31 schematisch dargestellt. Auf die einzelnen Elemente wird in den folgenden Kapiteln eingegangen.

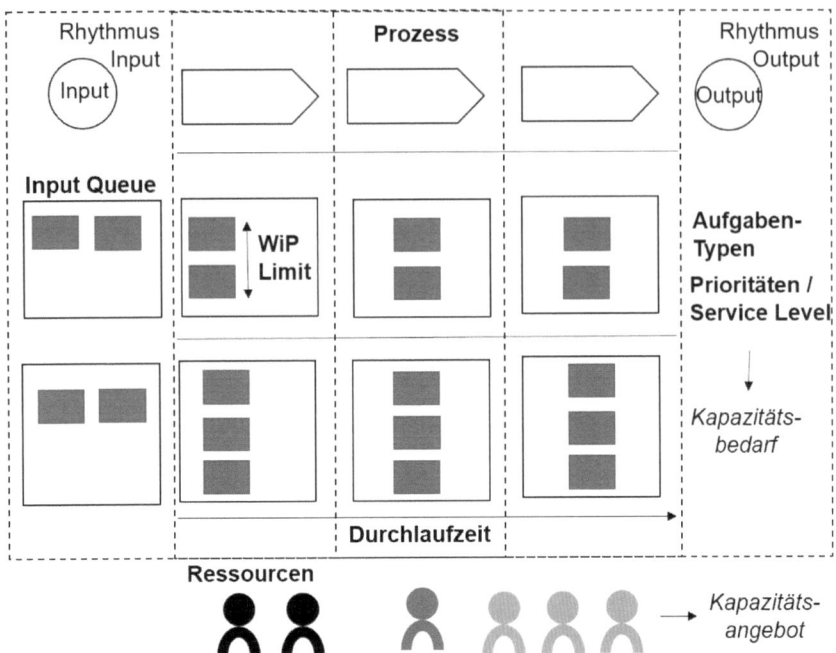

Abbildung 31: Das Kanban-System
(Eigene Darstellung)

4.1. Ziele

Das Kanban-System wird nicht aus einem Selbstzweck eingeführt. Mit der Einführung von Kanban werden eine Reihe von Zielen verfolgt, die durch die System-Elemente und deren Gestaltung erreicht werden sollen. David Anderson liefert einen Katalog von acht möglichen Zielen für Kanban:[125]

Ziel 1: Den bestehenden Prozess optimieren
Als Hauptziel kann die Verbesserung des bestehenden Prozesses durch die bessere Visualisierung und die Begrenzung der angefangenen Arbeit (Work in Progress) gesehen werden. Die Rollen und Verantwortlichkeiten im Prozess bleiben bestehen.

Ziel 2: Hohe Qualität liefern
Durch die Begrenzung des Work in Progress und den Einsatz von klaren Regeln wird eine Verbesserung der Qualität angestrebt.

Ziel 3 Die Vorhersagbarkeit der Durchlaufzeit verbessern
Durch die Begrenzung des Work in Progress und die Reduktion der Fehlerrate wird die Vorhersagbarkeit der Durchlaufzeit erhöht.

---

125 David J. Anderson, *Kanban: Evolutionäres Change Management für IT-Organisationen*, 2011, Heidelberg: dpunkt-Verl., S. 178-183.

Ziel 4: Die Zufriedenheit der Mitarbeiter erhöhen

Kanban schafft für die Mitarbeiter einen verlässlicheren Rahmen für ihre Zeitplanung und eine stabilere Belastung der Mitarbeiter.

Ziel 5: Freiräume schaffen, um Verbesserungen zu ermöglichen

Leerlauf-Zeit oder gewonnene Zeit wird eingesetzt, um Abläufe zu verbessern, neue Techniken zu lernen oder andere Fähigkeiten zu verbessern.

Ziel 6: Die Priorisierung vereinfachen

Die zeitraubende Priorisierung sollte auf die notwendigen Aufgaben beschränkt werden. Dies sind diese, die direkt als nächstes umgesetzt werden können.

Ziel 7: Transparenz über die Gestaltung und den Einsatz des Systems herstellen

Neben den Ergebnissen wird der Weg zu den Ergebnissen sichtbar und alle Beteiligten können die Verbesserung der Leistung des Systems als Ganzes anstreben.

Ziel 8: Den Prozess so gestalten, dass er die Entstehung einer hochgradig reifen Organisation ermöglicht

Die Organisation wird reifer und zeigt hohe Vorhersagbarkeit, Flexibilität und eine gute Steuerung.

4.2. Aufgabe

Eng mit der Zielsetzung verzahnt ist die Aufgabe, die das grundlegende Ergebnis zusammenfasst: *Welches Ziel wird mit dem System verfolgt und was sind die erwarteten Ergebnisse?* Ein Output des Systems können Produkte oder Services bzw. Elemente davon sein. Es können – wie in Kapitel 1.6 vorgestellt – materielle oder immaterielle Produkte erstellt werden.

Die Größe der Aufgaben hat dabei entscheidenden Einfluss auf die Durchlaufzeit und die Variabilität im System. Die Wissensarbeit kann als Gegenteil zur eintönigen einheitlichen Produktion gesehen werden und weist entsprechend eine höhere Variabilität auf.[126] In der Produktion, in der Vorgänge vielfach wiederholt werden, werden Standard-Vorgabezeiten für jeden Vorgang festgelegt. Diese können eine gewisse Schwankung aufweisen, sind aber in einem gewissen Bereich stabil.

In der kreativen Wissensarbeit ist ein grundlegendes Element die Schaffung von Neuem, welches den Einsatz von spezifischem Wissen voraussetzt. Dementsprechend schwierig bzw. unmöglich ist die Abschätzung von Dauer und Aufwand. Die Aufgaben innerhalb eines Kanban-Systems werden dementsprechend immer neue Komponenten aufweisen, aber auch gewisse Ähnlichkeiten mit sich bringen. Es kann beim Umfang bzw. der Dauer zu starken Schwankungen kommen. Die Arbeit erfolgt auch nicht immer an den gleichen Objekten / Objekttypen. Die

---

126 Ebd., S. 10.

Quellen / Kunden und damit deren Anforderungen bzw. Aufgaben können sich auch stark unterscheiden. Das Ziel des Kanban-Systems ist die Arbeit im Fluss zu gestalten. Starke Schwankungen innerhalb des Systems könnten dem Fluss entgegenwirken.

Dementsprechend kommt der Analyse und Einteilung der Aufgaben eine hohe Bedeutung zu, um einen gleichmäßigen Fluss der Arbeit zu gestalten. Hierbei kommen dann auch die Denkweisen des agilen Managements zum Tragen. Es werden kontinuierlich kleine Einheiten in hoher Qualität ausgeliefert, anstatt nach einer langen Durchlaufzeit das große Gesamtpaket.

Es kann zusätzlich sinnvoll sein, eine grundsätzliche Einteilung in **Aufgabentypen** vorzunehmen. Aufgabentypen fassen definierte Klassen von Aufgaben zusammen. Daneben können die Aufgabentypen als strukturgebendes Element innerhalb des Kanban-Boards verwendet werden und dienen damit der Übersichtlichkeit. Die festgelegten Aufgabenklassen sollten Ähnlichkeiten bei der Abwicklung aufweisen. Die Festlegung der Aufgabentypen kann auf Basis der Quelle der Aufgabe, dem Workflow oder der Größe der Aufgabe definiert werden.[127]

Im IT-Bereich wäre z. B. eine Aufteilung nach neuen Anforderungen, einer Fehlerbehebung, Wartung oder einem Verbesserungsvorschlag möglich. Auch wenn es beispielsweise bei der Fehlerbehebung deutliche Unterschiede geben kann, wird schon eine grundlegende Struktur, Priorisierung und Vorgehensweise vorgegeben.

Bei der **Aufgabengröße** haben sich der Einfachheit halber T-Shirt Größen etabliert. Hier kann eine grobe Eintei-

---

127 Ebd., S. 73.

lung nach S, M, L und XL vorgenommen werden. Hinter jeder der Aufgabengrößen wird ein Zeitbereich definiert. Dieser wird so gewählt, dass der Fluss gefördert wird, ohne in unnötig genaues aufwändiges Schätzen zu verfallen. Eine beispielhafte Aufteilung ist in Abbildung 32 dargestellt.

Größe	Regel
S	Small
M	Medium
L	Large
XL	Extra Large

Abbildung 32: Beispielhafte Aufteilung Aufgabentypen nach Größe (Eigene Darstellung in Anlehnung an Achouiantz und Nordin)[128]

Nicht alle Aufgaben haben zwingend die gleiche Priorität und Dringlichkeit. Um dies im Kanban-System zu berücksichtigen, können die Aufgaben in Service-Klassen unterteilt werden. Anderson teilt die Aufgaben in vier Service-Klassen ein. Die gebräuchlichen Service-Klassen sind: *beschleunigt, fester Termin, Standard und unbestimmbare Kosten.*[129]

Die **Service-Klasse** *beschleunigt* ist für Aufgaben vorgesehen, die mit besonderer Dringlichkeit erledigt werden müssen. Es handelt sich um sehr dringende Arbeitspake-

---

128 Christophe Achouiantz & Johan Nordin, *The Kanban Kick-start Field Guide: Create the Capability to Evolve*, S. 39.

129 David J. Anderson, *Kanban: Evolutionäres Change Management für IT-Organisationen*, 2011, Heidelberg: dpunkt-Verl., S. 139.

te, für die andere Aufgaben mit einer geringeren Priorität unterbrochen werden. Aufgaben der Klasse *beschleunigt* werden direkt verarbeitet. Die festgelegten WIP-Limits dürfen überschritten werden. Damit ist auch verständlich, dass diese Service-Klasse eine echte Ausnahme bilden sollte. Es sollte nicht mehr als eine Aufgabe mit dieser Service-Klasse vorliegen. Deshalb müssen klare Regeln festgelegt werden, wann diese Service-Klasse in Anspruch genommen werden kann.

Die Service-Klasse *fester Termin* wird für alle Aufgaben verwendet, bei denen ein fester Termin vorgegeben ist. Dabei ist zu prüfen, wie „fest" der Termin wirklich ist. Ist es ein „Wunschtermin" oder besteht eine wirkliche zeitliche Abhängigkeit. Für Aufgaben dieser Klasse ist eine Terminierung durchzuführen. Die Bearbeitung wird entsprechend der Terminierung gestartet. Kommt es zu Verzögerungen, kann es zu einer Hochstufung in die *beschleunigt* Klasse kommen.

In der Service-Klasse *Standard* sollte der größte Teil der Arbeit abgebildet sein. Auch für die Standard-Klasse sollten klare Regeln gelten, damit eine gleichmäßige Bearbeitung erfolgt. Die Service-Klasse *Standard* kann z.B. nach einem einfachen First-in First-Out abgebildet werden.[130] Es sind aber auch andere Prioritätsregeln möglich.

Die Einordnung der Service-Klasse *unbestimmbare Kosten* ist von der Grundregelung am schwierigsten. Hierunter fallen Arbeiten, für die keine feste Terminierung vorgesehen ist. Dies sind folglich Aufgaben, welche eine hohe Durchlaufzeit aufweisen können, da sie noch nach der *Standard*-Klasse abgearbeitet werden. Das Hervorheben

---

130 Mike Burrows, Florian Eisenberg & Wolfgang Wiedenroth, *Kanban: Verstehen, einführen, anwenden,* 1. Auflage Heidelberg: dpunkt.verlag, S. 191.

und deutliche Visualisierung dieser Themen ist aber hilfreich. Diese niedrig priorisierten Dauerthemen und der Umgang damit in der Praxis sollte den meisten bekannt sein. Ein Thema wird eröffnet und dann immer mal wieder angesprochen, ggf. auch daran gearbeitet, bis es sich irgendwann verläuft oder doch eine höhere Priorität bekommt. Diese Form von Verschwendung sollte klar aufgezeigt und möglichst vermieden werden.

4.3. Prozess

Um die Aufgabe zu bewältigen und die gewünschten Ergebnisse zu erzielen, ist Arbeit notwendig. Diese wird in Tätigkeiten oder Aktivitäten bzw. Arbeitseinheiten abgebildet. Werden die einzelnen Aktivitäten in eine logische Sequenz gebracht, entsteht ein Vorgang. Die Betrachtung von mehreren Vorgängen vom Anfang bis zum Ende wird zum Prozess.

Ein Kanban-System wird entlang eines Prozesses des festgelegten Bereichs definiert. Hierfür wird auch der Begriff Wertschöpfungskette / Wertstrom oder Workflow verwendet. Der Begriff Wertschöpfungskette nimmt dabei Bezug auf die Wertkette von Porter, ein Instrument zur Diagnose von Wettbewerbsvorteilen von Unternehmen. Der Begriff Wertstrom hat sich im Lean-Management als Analyse-Werkzeug für die Visualisierung und Analyse von Abläufen etabliert. Unabhängig von der Bezeichnung geht es darum, den Ablauf zusammenhängend in einem passenden Detaillierungsgrad darzustellen.

Der Ablauf / Prozess wird so dargestellt, wie er im Ist-Zustand abläuft. Ausgehend vom Prozess-Management, wie es in Kapitel 2.5 vorgestellt wurde, ist eine Abweichung zwischen dem definierten Soll- und dem gelebten Ist-Prozess durchaus möglich. Kanban weißt die höchste Wirksamkeit auf, wenn die Prozesse „end-to-end" angewendet werden. Dies bedeutet, dass sich das System über mehrere Abteilungen und Phasen spannt.[131]

---

131 Christophe Achouiantz & Johan Nordin, *The Kanban Kick-start Field Guide: Create the Capability to Evolve*, S. 12.

Die Orientierung an einer detaillierten Darstellung, z. B. in einem BPMN-Diagramm, könnte dazu verleiten, eine zu feine Granularität zu wählen. Hierbei geht es nicht darum, den Prozess in allen Einzel- und Parallelschritten abzubilden, sondern darum, die „dominanten Aktivitäten" darzustellen.[132] Im Kanban-System werden weniger Einzel-Aktivitäten, sondern eher eine Zusammenfassung – wie beispielsweise ganze Arbeitsvorgänge oder Arbeitsschritte – abgebildet.

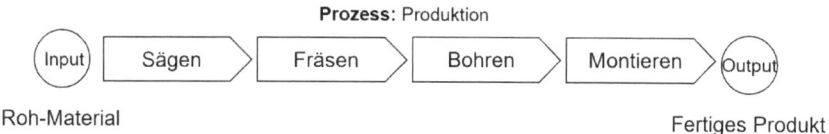

Prozess: Produktion

Input — Sägen — Fräsen — Bohren — Montieren — Output

Roh-Material   Fertiges Produkt

Abbildung 33: Beispiel-Prozess Produktion
(Eigene Darstellung)

Zum Einstieg ist die Betrachtung eines technologischen Prozesses hilfreich. Innerhalb der Produktion ist der Transformations-Prozess, der an einem Objekt erfolgt, recht gut nachvollziehbar. Unter Einsatz von Rohstoffen oder Materialien werden Umformungen und Bearbeitungsschritte durchgeführt und dann ggf. noch in der Montage neu zusammengesetzt bis ein fertiges Produkt entsteht. In dem einfachen Beispiel aus Abbildung 33 wird das Roh-Material – z. B. Stahl – bereitgestellt, zurecht gesägt, dann am nächsten Arbeitsplatz gefräst, mit Bohrungen versehen und dann in der Montage mit weiteren Teilen versehen. Durch den Prozess entsteht das fertige Produkt. Für

---

132 David J. Anderson, *The Kanban Lens*, David J. Anderson School of Management, 2013, S. 1, https://djaa.com/the-kanban-lens/, zuletzt aufgerufen im Februar 2021.

die Beschreibung sind nicht alle Aktivitäten – wie das Reinigen und Rüsten der Anlage oder das Einspannen und Herausnehmen des Werkstücks – von Interesse.

In der Wissensarbeit ist die Betrachtung des Prozesses und der zu bearbeiteten Objekte abstrakter, da es sich um immaterielle Gegenstände handelt. Am nachvollziehbarsten ist dies noch bei dem Kanban-Ursprungsprozess der Software-Entwicklung.

Das Objekt, an dem die Arbeit verrichtet wird, ist ein Programm oder ein Teil davon bzw. die entsprechende Dokumentation. Das Programm durchläuft auf dem Weg zur Fertigstellung festgelegte Schritte. Dies könnten – z. B. wie in Abbildung 34 vereinfacht dargestellt – die Analyse der Anforderung, die Entwicklung, der Test und die Freigabe sein. Detaillierte Aktivitäten, wie z. B. die Vorbereitung oder Dokumentation der Tests, werden zur Nachvollziehbarkeit und Steuerung des Ablaufs nicht benötigt.

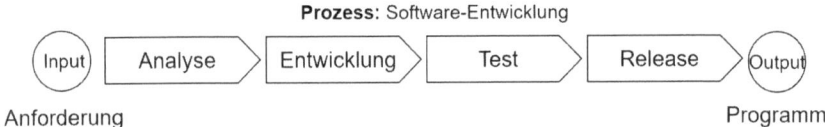

Abbildung 34: Beispiel-Prozess Software-Entwicklung
(Eigene Darstellung)

Aus der Kombination von Aktivität und Objekt ergeben sich im Kanban-System die Arbeitseinheiten/-elemente. Um den Fluss der Arbeit herzustellen, ist dies von zentraler Bedeutung. Wird die Arbeitseinheit zu groß gestaltet, gerät das System ins Stocken. Die Durchlaufzeit ist zu hoch und die Schätzung wird ungenauer. Dimensioniert man die Einheit zu klein, ist eine Steuerung nicht mehr sinnhaft.

Es muss eine für das Kanban-System passende Größe der Arbeitseinheiten erarbeitet werden. Diese sollte möglichst gleichmäßig gestaltet werden, damit das Kanban-System funktioniert. „Berge sollten niedrig und Täler flach sein."[133] Dies wird in der Regel nicht durchgängig funktionieren. Dies entspricht auch nicht der Charakteristik von Wissensarbeit.

---

133 Taiichi Ōno, *Das Toyota-Produktionssystem,* 3. Auflage Frankfurt/M.: Campus Verl., 2013, S. 73.

4.4. Work in Progress

Ein zentrales Element im Kanban-System stellt Work in Progress (WIP) dar. Der Begriff Work in Progress kommt aus der Produktion und fasst den Bestand an unfertigen Erzeugnissen zusammen.

Dies lässt sich auch auf die Wissensarbeit übertragen. Mit Work in Progress werden Aufgaben zusammengefasst, die begonnen wurden, aber noch nicht fertiggestellt wurden. Die Grundannahme dahinter ist, dass ein zu großes Maß an WIP nicht förderlich für den Fluss der Arbeit ist. Man spricht in diesem Kontext auch von Multitasking.

Multitasking bringt einige Probleme mit sich. Viele dieser Problemstellungen und die Konsequenzen sollten den meisten bekannt vorkommen. Arbeiten werden nicht beendet, bevor eine neue Aufgabe begonnen wird, was zu einer erheblichen Verlängerung aller Aufgaben führt.[134] Man hat eine ganze Reihe „offener Baustellen" und kommt nur bedingt dazu, diese zu schließen. Es kommen meist sogar noch immer neue Aufgaben hinzu. Gegebenenfalls verläuft sich eine der angefangenen Aufgaben auch im nichts und die angefangene Arbeit war vergebens. Die Aufgabenlisten, die abgestimmt werden müssen, werden länger und länger. Man benötigt einen initialen Aufwand, um in das entsprechende Thema wieder hineinzukom-

---

134 Ayelt Komus, Claudia Simon & Wolfram Müller, *Multitasking im Projektmanagement: Status Quo und Potentiale*, 2016, S. 4, https://vistem.eu/beratung/multitasking-im-projektmanagement/die-ergebnisse-der-studie, zuletzt aufgerufen im Februar 2021.

men. Ressourcen und insbesondere Spezialisten werden unnötig frühzeitig reserviert.

Innerhalb der Produktion wird der Bestand an unfertigen Erzeugnissen erfasst und auch die Durchlaufzeit gemessen. Bei Wissensarbeit findet hier keine systematische Erfassung und kein Reporting statt. Da davon auszugehen ist, dass die Erfüllung der Aufgaben einen Nutzen stiftet, liegt hier wirklich „totes Kapital".

In einer Studie wurde das Multitasking im Projektmanagement untersucht. In der folgenden Abbildung 35 ist die Anzahl der Aufgaben, an denen ein Mitarbeiter typischerweise gleichzeitig arbeitet, dargestellt.

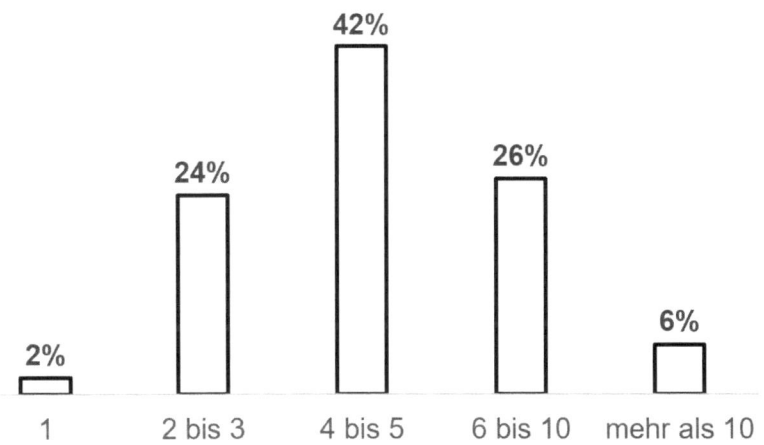

Abbildung 35: Anzahl parallel ausgeführter Aufgaben
(Eigene Darstellung in Anlehnung an Komos)[135]

Von den Befragten gaben 74% an, an mehr als vier Aufgaben parallel zu arbeiten. Dies zeigt im Vergleich zur anzustrebenden Situation deutliches Potential. „Es gibt Un-

135 Ebd.

tersuchungen und empirische Beobachtungen, die belegen sollen, dass zwei gleichzeitig bearbeitete Aufgaben für Wissensarbeiter optimal wären."[136]

Fast jede Aufgabe wird vor der Fertigstellung unterbrochen.[137] „Fast 70% der Befragten sind der Meinung, dass mindestens 30% der Projektlaufzeit eingespart werden könne."[138] Multitasking bzw. ein zu hoher WIP stellt dementsprechend sowohl für die Mitarbeiter, Projektleiter als auch die Erreichung der Unternehmensziele ein echtes Problem dar.

Eine konsequente Idee wäre es, für den WIP feste Limits einzuführen. Diese Limits stellen ein wesentliches Element im Kanban-System dar. Die Anzahl der angefangenen Aufgaben wird limitiert. Die Limitierung kann in unterschiedlichen Bereichen erfolgen. Es können für das gesamte Team oder einzelne Team-Mitglieder WIP-Limits definiert werden. Es kann für einzelne Prozessschritte WIP-Limits geben oder für bestimmte Aufgabentypen.

Die Einführung von WIP-Limits ist sehr gut nachvollziehbar. Eine größere Herausforderung bildet die Festlegung der richtigen Grenzen (sollte es diese überhaupt geben). Denn Multitasking hat nicht nur die aufgeführten negativen Auswirkungen. Eine richtige Mischung von Aufgaben ermöglicht auch einen abwechslungsreichen Arbeitsalltag.

136 David J. Anderson, *Kanban: Evolutionäres Change Management für IT-Organisationen*, Heidelberg: dpunkt-Verl., 2011, S. 122.

137 Ayelt Komus, Claudia Simon & Wolfram Müller, *Multitasking im Projektmanagement: Status Quo und Potentiale*, 2016, S. 9, https://vistem.eu/beratung/multitasking-im-projektmanagement/die-ergebnisse-der-studie, zuletzt aufgerufen im Februar 2021.

138 Ebd.

4.5. RessourcenundKapazitätsangebot

Ein Kanban-System verfügt über eine festgelegte Kapazität oder besser Kapazitäten. Im Kanban-System sind dies die zugeordneten Mitarbeiter.

Die Kapazitätsbetrachtung ist ebenfalls angelegt an die Produktionsplanung. Die Kapazität stellt das Kapazitätsangebot einer Ressource zur Deckung des Kapazitätsbedarfs bereit. In der Produktion errechnet sich das Kapazitätsangebot einer Ressource aus dem Leistungsvermögen, dem Betriebskalender sowie dem Schichtenmodell.[139] Die Aufgabe ist es, mit dem bestehenden Kapazitätsangebot den Kapazitätsbedarf zu decken und eine gleichmäßige Ressourcen-Auslastung zu erzielen.

Ein interessanter Aspekt ist hierbei die Berücksichtigung des Leitungsvermögens. Bei der Betrachtung wird versucht, ein möglichst realistisches Bild von der möglichen Ausbringungsmenge zu erreichen. Hierzu gehört, dass Zeiten für Reinigung, Wartung, Rüsten, Ausschuss usw. berücksichtigt werden.

Bei der Einplanung von Mitarbeitern innerhalb der Wissensarbeit wird meist von 100% Leistungsvermögen ausgegangen. Ein Vollzeit-Mitarbeiter wird mit seiner vollen Arbeitszeit von z. B. acht Stunden pro Tag eingeplant. Doch auch Mitarbeiter haben Zeiten für das Rüsten und die Wartung und produzieren Ausschuss. Dies führt zu ei-

---

139 Günther Schuh, *Produktionsplanung und -steuerung: Grundlagen, Gestaltung und Konzepte*, 3. Auflage Berlin, Heidelberg: Springer Berlin Heidelberg, 2006, S. 73.

nem unrealistischen Bild und Verzerrungen in der Planung.

Sowie in der Produktion Ressourcen nach ihrer Funktion, z. B. in Drehmaschinen und Fräsmaschinen, gegliedert werden, werden auch die Ressourcen in einem Kanban-System gegliedert. Nicht alle Mitarbeiter haben die gleichen Fähigkeiten, Erfahrungen und Interessen. Dies gilt in besonderem Maße bei anspruchsvoller bzw. spezialisierter Wissensarbeit. In der Software-Entwicklung könnte z. B. eine Aufteilung in Entwickler und Tester vorgenommen werden.

Eine geeignete Einteilung der Ressourcen ermöglicht die Identifikation eines wesentlichen Elements im Kanban-System – dem Kapazitätsengpass. Wie bei der Betrachtung von Goldratts Theorie of Constraints deutlich wurde, liegt in jedem System ein Engpass vor. Dieser Engpass ist der entscheidende Faktor für den Output des Systems. Dementsprechend ist es wichtig, den Engpass im Kanban-System zu identifizieren und gezielt an der Beseitigung zu arbeiten.

4.6. Input- und Output-Rhythmus

Der Rhythmus bildet ein wesentliches Element bei der Gestaltung der Arbeit. DM-Gründer Götz Werner gibt dem Rhythmus eine besondere Bedeutung. „Im Rhythmus liegt die Kraft. Rhythmus steigert die Effizienz. Beim Rudern habe ich gelernt: Jeder unsynchronisierte Zug kostet Kraft."[140] Auch im Kanban-Systems ist der Rhythmus von Input und Output ein entscheidendes Element. Betrachtet man den Rhythmus innerhalb eines plangetriebenen Projektes, erfolgt der Input zum Anfang des Projektes und der Output wird zu den definierten Meilensteinen geliefert. Der Rhythmus ist dementsprechend ein Ergebnis der vorgelagerten Planung mit der Konsequenz, den Takt innerhalb der Bearbeitung im Projekt-Team vor den Meilensteinen zu erhöhen.

Innerhalb der agilen Ansätze wird ein höherer Lieferrhythmus angestrebt. Eines der Grundprinzipien lautet: „Unsere höchste Priorität ist es, den Kunden durch frühe und kontinuierliche Auslieferung wertvoller Software zufriedenzustellen."[141] Innerhalb von Scrum, ist – wie in Kapitel 2.4 beschrieben – hierfür ein fester Rhythmus vorgegeben. Alles ist auf die Iteration innerhalb des Sprints ausgerichtet. Dieser starre Rhythmus biete eine Reihe von

140 Louis Lewitan, *Das war meine Rettung: Unternehmer Götz Werner: „Firmenpleiten haben mich geprägt"*, 2012, https://www.zeit.de/2012/29/Rettung-Goetz-Werner/seite-2, zuletzt aufgerufen im Februar 2021.

141 Kent Beck et al., *Manifest für Agile Softwareentwicklung*, 2001, http://agile-manifesto.org/iso/de/manifesto.html, zuletzt aufgerufen im Februar 2021.

Vorteilen, aber auch durchaus Nachteile in der praktischen Umsetzung.

Im Kanban-System erfolgt eine Entkoppelung von Priorisierung (Input), Entwicklung (Umsetzung) und Auslieferung (Output).[142] Zur Verdeutlichung sind die drei Varianten in Abbildung 36 dargestellt.

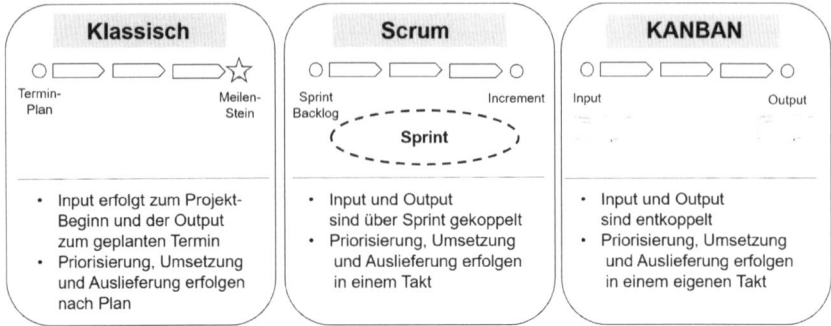

Abbildung 36: Rhythmus-Vergleich (Klassisch, Scrum, KANBAN) (Eigene Darstellung)

Auf den ersten Blick scheint Kanban die am wenigsten synchrone und damit ungünstigste Variante zu sein. Betrachtet man die Synchronisation genauer, wird der Vorteil ersichtlich. Dies lässt sich an dem Ruder-Beispiel verdeutlichen. Die klassischen Ansätze und auch Scrum gehen von einem großen Boot aus. Hier ist es schwer und erfordert ein hohes Maß an Koordination und Disziplin, langfristig den gleichen Rhythmus zu halten. In Kanban werden mehrere kleine Boote eingesetzt. Hierdurch kann jedes Boot die Züge einfach synchronisieren und ist effizienter unterwegs.

---

142 David J. Anderson, *Kanban: Evolutionäres Change Management für IT-Organisationen* Heidelberg: dpunkt-Verl., 2011, S. 99.

4.7. Meeting-Strukturen

Um einen gerichteten Arbeitsfluss mit dem Kanban-System zu erreichen, ist es sinnvoll, einen Rhythmus in die Arbeit und auch die zugehörigen Meetings zu bringen. Dabei sollten sich die Meeting-Strukturen und die Meeting-Kultur klar von den bekannten Problemen im Rahmen von Meetings abgrenzen. Studien zeigen, dass Mitarbeiter mehr als einen halben Tag pro Woche in Meetings verbringen, die eigentlich keine Relevanz für die tägliche Arbeit aufweisen.[143] Unregelmäßige Meetings unterbrechen den Arbeitsfluss. Außerdem ist die Konzentrationsspanne nur bedingt auf langwierige Besprechungen ausgelegt. Hinzu kommen menschliche Verhaltensweisen, die vielfach den Kern des Meetings zunichtemachen. Die Entwicklung der Struktur und Kultur, wie Meetings durchgeführt werden, bietet dementsprechend schon erhebliches Potential.

Das Kern-Meeting innerhalb des Kanban-Systems bildet das **tägliche Stand-up Meeting**. Dieses tägliche Treffen für einen kurzen festgelegten Zeitraum (z. B. 15 min.) ist typisch für agile Vorgehensweisen.[144] Wie der Name schon andeutet, kann es aufgrund der begrenzten Zeit im Stehen, um das Kanban-Board herum, durchgeführt werden. Wichtig für das Meeting und die Einhaltung der vorgegebenen Zeit ist eine strukturierte, akzeptierte Agenda sowie die Disziplin der Teilnehmer. Im Meeting können keine de-

---

143 Jochen Mai, Meeting: *13 Tipps für bessere Meetings und Besprechungen*, https://karrierebibel.de/meeting-tipps/, zuletzt aufgerufen im Februar 2021.

144 David J. Anderson, *Kanban: Evolutionäres Change Management für IT-Organisationen*, Heidelberg: dpunkt-Verl., 2011, S. 90.

taillierten Probleme besprochen werden. Es dient lediglich dem schnellen Abgleich, welche Themen bearbeitet werden und welche Blockaden dabei ggf. aufgetreten sind. Zentrales Element ist das Kanban-Board, das für alle den Blick auf die erledigte und anstehende Arbeit aufzeigt.

Um den knappen Rahmen des Stand-up Meetings einzuhalten, hat sich die Möglichkeit von **Anschlussmeetings** etabliert. In Anschlussmeetings können in kleineren Gruppen Fragen und Problemstellungen, die nicht für das ganze Team relevant sind, detaillierter, diskutiert werden. Der große Vorteil ist, dass die Lösung von Problemen im Team kurzfristig erfolgen kann, ohne langfristig Termine zu planen.

Neben der Steuerung der täglichen Arbeit erfolgt auch die Steuerung neuer Arbeit gezielt. Hierfür werden **Nachschubmeetings** in einem regelmäßigen Rhythmus vereinbart. Die Frequenz der Nachschubmeetings richtet sich nach dem Rhythmus sowie danach, wie durch die Schnittstellen des Kanban-Systems Arbeit in das System kommt und in welchem Rhythmus Arbeit fertiggestellt wird. Auch die Nachschubmeetings sind vom Zeitrahmen knapp zu halten und mit einer festgelegten Agenda zu versehen. Eine besondere Herausforderung besteht darin, dass innerhalb der Termine „Kanban-Externe" mit eingebunden werden. Dies erschwert zunächst die Abstimmung der Termine. Daneben sind die Teilnehmer mit in die Funktionsweise von Kanban einzubeziehen. Es ist wichtig, innerhalb der angrenzenden Prozesse ein Verständnis für die Vorgehensweise zu etablieren. Kern der Meetings sollten auch nicht langwierige Diskussionen und Machtkämpfe über die Prioritäten sein oder die Abarbeitung von langen Aufgabenlisten, sondern die Befüllung der freiwerdenden Arbeitskapazitäten.

4.8. Messung und Kontrolle

Die Messung und Kontrolle ist ein weiteres Element im Kanban-System. Dieses dient dazu, die Wirksamkeit des Systems zu messen und entsprechende Kontroll-Mechanismen einführen.
Die Messung erfolgt auf Basis von festgelegten Kennzahlen, welche dann an den definierten Messpunkten aufgenommen werden. Im Allgemeinen dienen Kennzahlen dazu, Informationen über Sachverhalte zu verdichten. Diese verdichtete Information kann dann unterschiedliche Funktionen erfüllen u.a. auch die Kontrolle und Steuerung. Die Funktionsweise der Verdichtung der Information wird in Abbildung 37 am Beispiel des Bestands veranschaulicht. Im linken Teil sind die Wareneingangs- und Ausgangsbuchungen, auf deren Basis der Bestand berechnet wird, dargestellt. Selbst bei langer genauer Betrachtung könnte hier keine Aussage bezüglich des Bestands gemacht werden. In der Tabelle sind die Bestände, unter Berücksichtigung des Anfangsbestands, berechnet und auf Material-Ebene dargestellt. Diese Information ist hilfreich für detaillierte Analysen, eine Aussage zur Bestands-Situation lässt sich aber nur schwer machen. Betrachtet man den durchschnittlichen Bestand, wird deutlich, dass hier, insbesondere im Vergleich zum Soll-Wert Aussagen möglich sind. Wird die Kennzahl dann noch in Relation zu einer weiteren Größe gesetzt, kann die Aussagekraft noch verstärkt werden.
Wie auch die Kennzahlen im Allgemeinen sollten diese Kennzahlen aussagekräftig, eindeutig definiert, fehlerfrei

und anschaulich aufbereitet sein. Für die Nutzung im Kanban-System sollte ein Fokus auf der Kosten-/ Nutzen-Relation liegen. Kennzahlen und Messpunkte lassen sich gut aus den vorher definierten Elementen des Kanban-Systems ableiten und veranschaulichen. Die Kennzahlen lassen sich dabei in zwei Kategorien gliedern: Dies sind Bestands- und Flusskennzahlen sowie entsprechende Relationen.

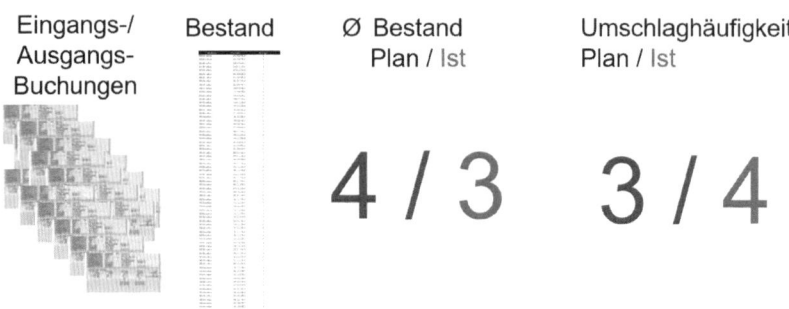

Abbildung 37: Funktionsweise von Kennzahlen
(Eigene Darstellung)

Die Ermittlung von Bestandskennzahlen ist hierbei deutlich einfacher, da diese den derzeitigen Stand wiedergeben. Diese können vom Kanban-Board abgelesen werden. Beispiele für Bestandskennzahlen sind:

Anzahl KANBAN
(nach Aufgabentyp, Service-Klasse und Schritt)
Wie viele KANBANs befinden sich im System?

Status WIP
(nach Aufgabentyp, Service-Klasse und Schritt)
Wie ist die derzeitige Anzahl der KANBANs in Bezug auf die WIP-Limits?

Anzahl blockierte KANBAN
Wie viele KANBANs sind blockiert?

In der Anwendung deutlich schwieriger ist die Ermittlung von Flusskennzahlen. Für die Messung von diesen benötigt man die Unterstützung einer IT-Anwendung. Da die einzelnen Bewegungen kontinuierlich bzw. systematisch aufgezeichnet und auf dieser Basis die Kennzahlen berechnet werden müssen. Anderson definiert hier die folgenden Kenngrößen:

Durchlaufzeit nach Aufgabentyp und Service-Klasse
Wie lange dauert die Fertigstellung einer Aufgabe?

Termintreue
Können die Termine wie geplant eingehalten werden?

Durchsatz
Wie viele KANBANs wurden in einem Zeitraum erledigt?

Flusseffizienz
Wie ist die Relation zwischen Bearbeitungszeit zur Durchlaufzeit?

Qualität
Wie ist der Anteil an fehlerhaft ausgelieferten Aufgaben?

Bruchlast
Wie viele Aufgaben müssen erneut bearbeitet werden?[145]

145 Ebd., S. 148–154.

Neben der Definition der Kennzahl bildet auch die passende Visualisierung ein wichtiges Element.

In Abbildung 38 ist hierfür beispielhaft ein kumulatives Flussdiagramm dargestellt. Weitere Beispiele sind die Verteilung der Durchlaufzeit, Trendlinien für die Entwicklung der Durchlaufzeit, Durchsatz und die Darstellung geblockter Aufgaben. Mit Hilfe von Diagrammen wie diesen kann der Fluss visualisiert, analysiert und gesteuert werden.

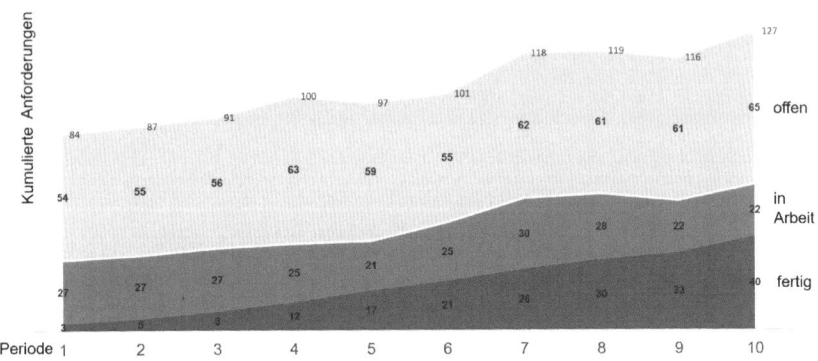

Abbildung 38: Beispiel eines kumulierten Flussdiagramms
(Eigene Darstellung in Anlehnung an Anderson)[146]

146 Ebd., S. 148.

4.9. Verbesserung

Ansätze zur Verbesserung des Kanban-Systems werden mit in die Gestaltung übernommen. Kanban ist hier gezielt offen gestaltet. David Anderson schlägt den Einsatz von der Engpasstheorie, Elementen des Toyota-Produktions-Systems bzw. des Lean Managements sowie die Ansätze von Deming und Six Sigma vor.[147] Es geht darum, die Variabilität im System einzuschränken, die Ressourcen gezielt einzusetzen, den Engpass zu beseitigen und Fehler zu eliminieren.

In der in Kapitel 2.6 vorgestellten Engpasstheorie geht es darum, den Engpass innerhalb des Systems zu eliminieren. Das von Goldratt vorgeschlagene Vorgehen überzeugt durch seine Einfachheit. Es wird aber auch kein umfangreiches Instrumentarium und Vorgehen vorgeschlagen. Das Vorgehen gliedert sich in fünf Schritte. Die fünf Fokussierungsschritte sind in Abbildung 39 zusammengefasst.

Im ersten Schritt geht es darum, den Engpass zu identifizieren. Im diesem Schritt ist es entscheidend, durch ausgereifte Analysen den „echten" Engpass zu identifizieren. Dieser Engpass ist maßgeblich für die Gesamtleistung des Systems verantwortlich. Im zweiten Schritt geht es darum, Alternativen für die Nutzung des Engpasses zu identifizieren und zu bewerten. Diese ausgewählten Alternativen müssen dann priorisiert umgesetzt werden, um den Engpass zu beseitigen bzw. besser zu nutzen. Sobald ein

---

147 Ebd., S. 197.

Engpass beseitigt wurde, wird ein neuer Engpass entstehen. Der Kreiskauf startet wieder mit Schritt 1. Es entsteht ein kontinuierlicher Verbesserungsprozess, der nach der Gesamtleistung des Systems ausgerichtet ist. „PROCESS OF ONGOING IMPROVEMENT – Ein Prozess der kontinuierlichen Verbesserung. Es gibt immer Luft nach oben."[148]

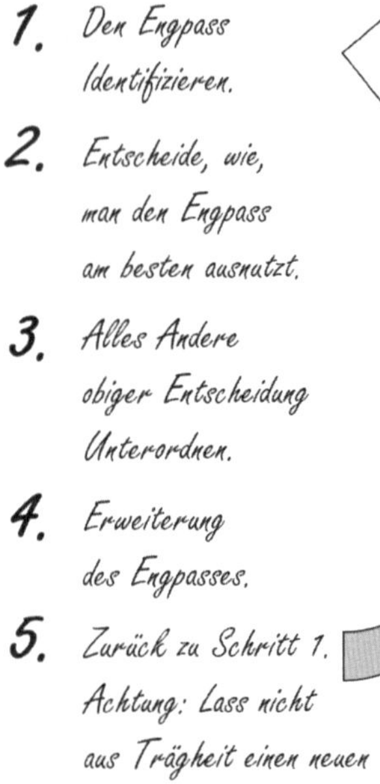

1. Den Engpass Identifizieren.

2. Entscheide, wie, man den Engpass am besten ausnutzt.

3. Alles Andere obiger Entscheidung Unterordnen.

4. Erweiterung des Engpasses.

5. Zurück zu Schritt 1. Achtung: Lass nicht aus Trägheit einen neuen Engpass entstehen

Abbildung 39: Die fünf Fokussierungsschritte der Theorie of Constraints (Eigene Darstellung in Anlehnung an Goldratt)[149]

148 Eliyahu M. Goldratt & Dwight Jon Zimmerman, *Das Ziel: eine Business-Graphic-Novel/Eliyahu M. Goldratts ; aus dem Englischen von Joe Paul Kroll*, Frankfurt, New York: Campus Verlag, 2018, S. 128.

149 Ebd., S. 130.

Das Toyota Produktions-System sowie das Lean Management wurden in Kapitel 2 bereits kurz vorgestellt. Ausgangspunkt der Lean-Betrachtung bildet die Vermeidung von Verschwendung. Innerhalb eines Produktionsprozesses ist dies recht eingängig, jede Aktivität, die dem Produkt keinen Mehrwert schafft und dem Kunden keinen Nutzen stiftet, wird eliminiert. In der Wissensarbeit ist Verschwendung weniger gut nachvollziehbar und ggf. führt der Begriff sogar in eine falsche Richtung.

Ein Verbesserungsansatz innerhalb des Lean Managements ist Kaizen. Kaizen bringt eine prozessorientierte Denkweise, in der alle Beschäftigten ständig einen Beitrag zur Verbesserung der Geschäftsabläufe leisten.[150] Es entsteht ein kontinuierlicher Verbesserungsprozess, der sich über die gesamte Organisation erstreckt. Kaizen beinhaltet eine Reihe von Werkzeugen und Methoden, um Verbesserungen zu identifizieren und zu analysieren. Häufig genutzt werden hier die „Sieben Qualitätswerkzeuge", insbesondere das Pareto- und Ishikawa-Diagramm sowie das gezielte Hinterfragen von Problemen durch die sechs W-Fragen: Wer? Was? Wann? Warum? Wo? Wie?[151]

Die Ansätze des amerikanischen Wissenschaftlers Demig wurden bisher nicht beachtet. Ein Themenbereich, mit dem sich Demig u.a. beschäftigt hat, ist die statistische Prozesskontrolle. Diese Ansätze bilden die Grundlagen für die Entwicklung von Six Sigma. Der griechische Buchsta-

150 Franz J. Brunner, *Japanische Erfolgskonzepte: KAIZEN, KVP, Lean Production Management, Total Productive Maintenance, Shopfloor Management, Toyota Production System, GD3 – Lean Development,* München: Hanser, 2017, S. 11.

151 Ebd.

be Sigma wird als Symbol für die Standard-Abweichung verwendet. Dies deutet auch gleich auf die statistische Herkunft dieser Methode hin. Six steht für das angestrebte Sigma-Level. Der Sigma-Level beschreibt, inwieweit ein Prozess fehlerfreie Ergebnisse liefert. Mit dem angestrebten Level von 6 wären dies 3,4 Fehler bei einer Millionen Teilen.[152] Die Methode hat damit einen starken Fokus auf die Qualität.

„Six Sigma ist eine systematische und strukturierte Methode zur nachhaltigen Verbesserung von Prozessen, Abläufen und Produkten in allen Bereichen eines Unternehmens."[153] Um die angestrebte Qualität zu erreichen, wird die Methode, die ihre Ursprünge in amerikanischen Großkonzernen hat und dort weit verbreitet ist, in vielen Bereichen des Unternehmens eingesetzt. Six Sigma Projekte werden in einer hoch systematischen Vorgehensweise durchgeführt. Ein Projekt erfolgt in den Phasen Define, Measure, Analyse, Improve und Control.[154] Der Inhalt jeder Phase ist detailliert beschrieben und wird durch ein weitreichendes Set an Werkzeugen unterstützt. Den Kern bilden eine systematische, datengetriebene Definition, eine Analyse und die Umsetzung sowie die Erfolgskontrolle von Verbesserungsmaßnahmen.

152 Almut Melzer, *Six Sigma kompakt und praxisnah: Prozessverbesserung effizient und erfolgreich implementieren*, 2. Auflage Wiesbaden: Springer Fachmedien Wiesbaden, 2019, S. 4.

153 Ebd., S. 4.

154 Ebd., S. 12.

Reflexionsfragen Kapitel 4

Frage
Sind die Aufgaben, an denen Sie arbeiten, klar nachvollziehbar und in einem ganzheitlichen Zusammenhang?
Folgen Ihre Tätigkeiten einem klar strukturierten Ablauf?
An wie vielen Aufgaben arbeiten Sie aktuell? Wie viele Aufgaben wären für die Bearbeitung „optimal"?
Auf welchem Weg erhalten Sie wann neue Aufgaben?
Wann müssen Sie Aufgaben fertigstellen und Ergebnisse liefern?
Mussten Sie schon mal Ergebnisse in einer nicht zufriedenstellenden Qualität abliefern, um den Plan einzuhalten?
Erinnern Sie sich an Ihr schlimmstes Meeting. Was waren die Faktoren, die das Meeting so schlimm gemacht haben?
Erinnern Sie sich an ein erfolgreiches Meeting. Was waren die Faktoren, die das Meeting erfolgreich gemacht haben?
Nach welchen Kennzahlen werden Sie gesteuert und welche Wirkung hat dies?
Verfolgen Sie aktuell einen kontinuierlichen Verbesserungsprozess?

Aus meiner Sicht wirkt das Kanban-System, gerade im Vergleich zur Einfachheit des Boards, auf den ersten Blick umständlicher. Letztendlich werden aber genau hier die entscheidenden Fragen beantwortet.

Wie ist der Rhythmus? Welche Aufgaben werden von wem erledigt? Wie sind die Prioritäten? Wann spricht wer mit wem? Wie sieht das Meeting aus? Wie messen wir unsere Ergebnisse? Wie wollen wir uns weiterentwickeln?

Die Antwort auf die Fragen schafft einen gemeinschaftlichen Rahmen für die Zusammenarbeit.

5. Kanban-Philosophie: Die Arbeit nachhaltig verändern

Mit dem Board und dem Kanban-System wurden recht konkrete Elemente von Kanban vorgestellt. Die vollständige Nutzung und nachhaltige Veränderung werden aber nur bei der Berücksichtigung und Etablierung der Philosophie von Kanban eintreten.

Übergreifend definiert David Anderson drei Grundprinzipien und fünf Kerneigenschaften. Mit diesen wird das Ziel verfolgt, das Lean-Verhalten und eine kontinuierliche Verbesserung in Organisationen zu fördern.

Die Grundprinzipien lauten:
1. Beginne dort, wo du dich im Moment befindest.
2. Komme mit den anderen überein, dass inkrementelle, evolutionäre Veränderungen angestrebt werden.
3. Respektiere den bestehenden Prozess sowie existierende Rollen. Verantwortlichkeiten und Berufsbezeichnungen.

Die Kerneigenschaften lauten:
1. Visualisiere den Fluss der Arbeit (Workflow).
2. Begrenze die Menge an begonnener Arbeit (Work in Progress).
3. Führe Messungen zum Fluss durch und kontrolliere ihn.
4. Mache die Regeln für den Prozess explizit.

5. Verwende Modelle, um Chancen für Verbesserungen zu erkennen.[155]

Mike Burrows ergänzt darauf aufbauend die Sichtweise über neun Werte, die in Verbindung zu den Grundprinzipien und Kerneigenschaften stehen und als Fundament dienen. An dieser Stelle wird nicht auf die einzelnen Werte eingegangen, sondern die Betrachtung auf das Gesamtbild gelenkt. Dieses wird in Abbildung 40 zusammengefasst.
Die Kanban-Philosophie verfolgt ein Umdenken der bestehenden Arbeitsweise. Dabei sind bestimmte Werte teilweise Voraussetzung für die Arbeit mit Kanban, diese werden aber auch gezielt durch Kanban gefördert.

155 David J. Anderson, *Kanban: Evolutionäres Change Management für IT-Organisationen*, Heidelberg: dpunkt-Verl., 2011, S. 19.

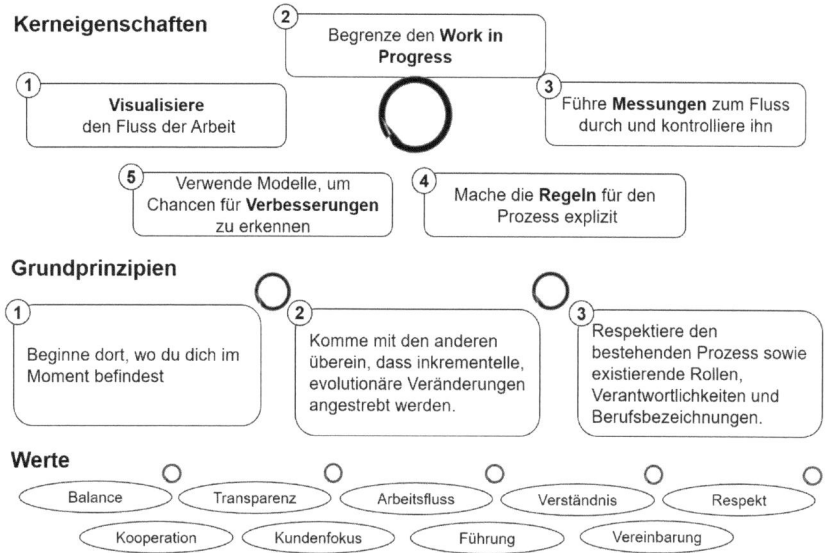

Kerneigenschaften

① **Visualisiere** den Fluss der Arbeit

② Begrenze den **Work in Progress**

③ Führe **Messungen** zum Fluss durch und kontrolliere ihn

⑤ Verwende Modelle, um Chancen für **Verbesserungen** zu erkennen

④ Mache die **Regeln** für den Prozess explizit

Grundprinzipien

① Beginne dort, wo du dich im Moment befindest

② Komme mit den anderen überein, dass inkrementelle, evolutionäre Veränderungen angestrebt werden.

③ Respektiere den bestehenden Prozess sowie existierende Rollen, Verantwortlichkeiten und Berufsbezeichnungen.

Werte

Balance · Transparenz · Arbeitsfluss · Verständnis · Respekt

Kooperation · Kundenfokus · Führung · Vereinbarung

Abbildung 40: Kanban-Grundprinzipien, Kernelemente und Werte (Eigene Darstellung)

5.1. Kanban-Grundprinzipien

In den drei Grundprinzipien wird der grundlegende Rahmen, das Verständnis sowie Übereinkünfte für die Einführung und Nutzung von Kanban zusammengefasst.

Grundprinzip 1:
Beginne dort, wo du dich im Moment befindest.
Das erste Grundprinzip ist einfach und nachvollziehbar. Gerade dieses Grundprinzip bildet einen ausschlagenden Punkt für den Erfolg von Kanban. Ziel von Kanban ist eine schnelle und einfache Einführung zu ermöglichen. Damit können die Vorteile schnell den gewünschten Nutzen schaffen. Die Nutzung ist vielseitig und ohne eine große Veränderung oder einen bestimmten Reifegrad oder Fähigkeiten möglich.
In Kapitel 2 wurde eine Reihe von Ansätzen und Methoden vorgestellt. So unterschiedlich diese Ansätze sind, gemein haben diese eine langwierige und aufwändige Veränderung. Es ist stets ein Aufwand und eine Veränderung innerhalb der Organisation notwendig. Dieser ist stark abhängig von der vorliegenden Situation im Team oder der ganzen Organisation. Für David Anderson waren dies insbesondere die starken Veränderungen, die durch die Einführung von agilen Ansätzen entstehen.[156]

---

156 Ebd., S. 3.

Grundprinzip 2:
Komme mit den anderen überein, dass inkrementelle, evolutionäre Veränderungen angestrebt werden.
Bei der Betrachtung und Untersuchung von Veränderungen in Bezug auf die Leistungsfähigkeit erkennt man, dass der von der Veränderung erwartete Effekt nicht direkt eintritt. Es gibt zunächst einen Rückgang in der Leistungsfähigkeit. Dieser kann unterschiedliche Ursachen haben. Zunächst bedingt jede Veränderung in jedem Fall einen initialen Aufwand.

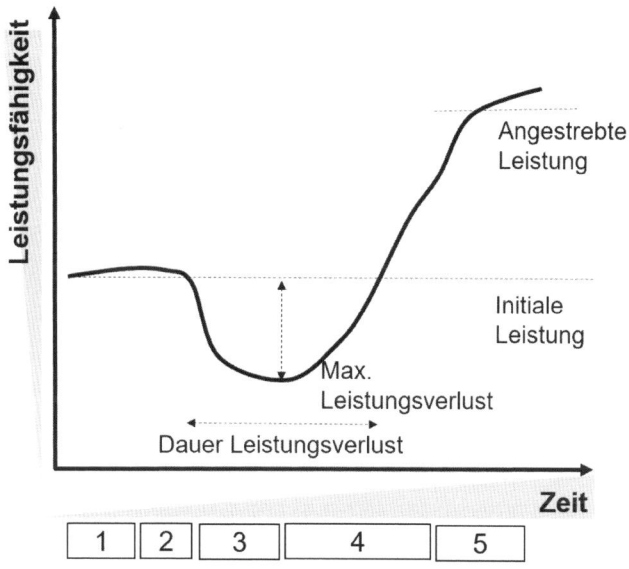

Abbildung 41: Satir-Modell für Veränderungen
(Eigene Darstellung in Anlehnung an Burrows)[157]

Daneben müssen interne Widerstände überwunden werden. In Abbildung 41 ist der Einfluss der Veränderung auf

---

157 Ebd., S. 157.

die Leistungsfähigkeit über die Zeit schematisch dargestellt. Untersuchungen zeigen, dass der Anstieg und die
Wirkung nicht gleichmäßig erfolgen. Es können unterschiedliche Phasen für die Auswirkungen der Veränderungen eingeteilt werden. Ausgehend von einem initialen
Zustand und vom Leistungsvermögen (1) erfolgt zunächst
ein Zustand, in dem die Veränderung absehbar ist und
der Widerstand aufgebaut wird, ggf. verbunden mit einer
Steigerung der Leistung. Dann erfolgen ein chaosähnli-
cher Verfall und ein Absinken der Leistungsfähigkeit (3) bis
zu einem maximalen Verlust der Leistung. Ab diesem
Punkt fügen sich die Punkte der Veränderung zusammen
und die Leistung steigt (4), bis das angestrebte Leistungsniveau erreicht ist (5).[158]
Auch wenn die Darstellung nur schematisch ist, sind diese Punkte in der Praxis nachvollziehbar und hilfreich für
das Verständnis der Auswirkungen von Veränderungen.
Veränderungen laufen nie ohne Schmerzen ab, eine Zeit
lang sind Dinge im Ungleichgewicht und verwirrend.[159] Es
muss darum gehen, den Punkt des maximalen Leistungs-
verlusts gering zu halten und die Dauer des Leistungsver-
lustes einzugrenzen.
Ausgehend von dem Verständnis des dargestellten Effek-
tes werden die Vorteile der evolutionären Entwicklung in
kleinen Schritten anschaulich. Bei einer kleineren Veränderung wird davon ausgegangen, dass das Absinken
des Leistungsniveaus weniger stark ausfällt und das Er-

158 Mike Burrows, Florian Eisenberg & Wolfgang Wiedenroth, *Kanban: Verstehen, einführen, anwenden,* 1. Aufl. Heidelberg: dpunkt.verlag, 2015, S. 157.

159 Frederic Laloux, Mike Kauschke & Etienne Appert, *Reinventing Organizations visuell: Ein illustrierter Leitfaden zur Gestaltung sinnstiftender Formen
der Zusammenarbeit,* 2017, S. 138.

reichen der ursprünglichen Leistungsfähigkeit schneller eintritt. Die Risiken eines zu geringen Leistungsniveaus werden abgeschwächt. Daneben wird die Möglichkeit geschaffen, schnell entgegenzusteuern. Dies ist schematisch in Abbildung 42 dargestellt. Der Graph verdeutlicht die Möglichkeit, durch kleine Veränderungsschritte die Gesamtleistung zu erhöhen.

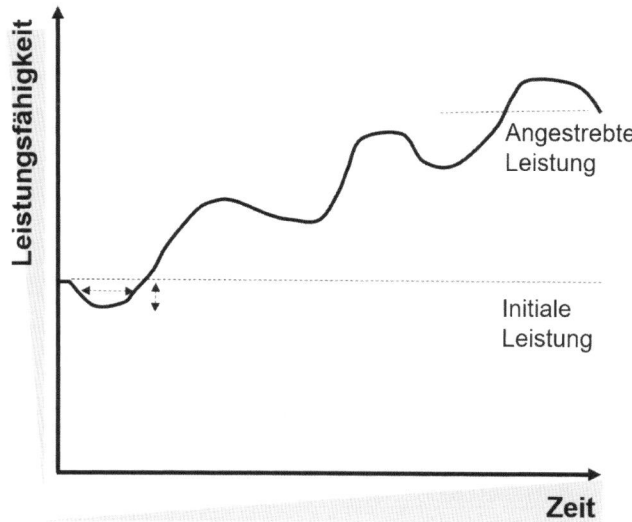

Abbildung 42: Auswirkung inkrementelle Veränderungen
(Eigene Darstellung)

„Es geht darum, Arbeitsweisen, Organisationsstrukturen, -formen und mentale Modelle zu entwickeln, die Veränderungen als Prinzip und Designelement beinhalten, und auf diesen aufzubauen."[160] Die kontinuierliche, schrittweise Veränderung ist ein Grundprinzip von Kanban.

160 Andreas Slogar, *Die agile Organisation: Wo anfangen? Wie Mitarbeiter und Führungskräfte begeistern? Wie Strukturen und Strategien anpassen?*, 2018, S. 44.

Grundprinzip 3:

Respektiere den bestehenden Prozess sowie existierende Rollen, Verantwortlichkeiten und Berufsbezeichnungen.

Die Veränderung von existierenden Rollen, Verantwortlichkeiten und Berufsbezeichnungen stellt eine der schwierigsten Veränderungen innerhalb von einer Organisation dar. Damit ist der größte Widerstand und ein Absinken des Leistungsniveaus verbunden. Bei neuen Rollen gibt es in einem Rahmen immer Gewinner und Verlierer – auch wenn dies erst mal nur dem Gefühl der Beteiligten entsprechen mag. Es herrscht eine Verunsicherung und im schlimmsten Fall ein langfristiges Abfallen des Engagements.

Neue Prozesse und Rollen müssen entwickelt, dokumentiert und trainiert werden. Dann müssen sie sich erst mal einspielen und etabliert werden. Es gehen bestehende Automatismen und Sicherheit verloren.

In diesem Grundprinzip liegt eine klare Abgrenzung zu Scrum, in dem Prozess und Rollen klar vorgegeben werden. Kanban kommt ohne Kanban-Run bzw. Sprints und einen KANBAN-Master oder einen Eingangs-Queue-Manger aus.

Damit bietet dieses Grundprinzip den deutlichen Vorteil der Beibehaltung des bestehenden Status. Es fehlen auf der anderen Seite allerdings auch Vorgaben, wie der Kanban-Prozess und die entsprechenden Rollen gestaltet werden.

5.2. Kanban-Kerneigenschaften

Die fünf Kerneigenschaften können bei der Einführung und Nutzung wie eine Art Checkliste gesehen werden. Diese beschreiben den Aufbau von Kanban. Mit Hilfe von Kerneigenschaften kann das System dann auch geprüft werden.

Kerneigenschaft 1:
Visualisiere den Fluss der Arbeit (Workflow)
Die erste Kerneigenschaft wird mit dem Kanban-Board abgebildet. Dies bildet den wesentlichen Ausgangspunkt. Durch die Visualisierung wird Transparenz über die Arbeit geschaffen und durch die gemeinsame Nutzung die Kooperation gestärkt.
Diese Kerneigenschaft hebt auch klar hervor, dass es nicht nur um die Visualisierung der Arbeit geht, sondern explizit um den Fluss der Arbeit, wie er innerhalb des Prozesses erfolgt.

Kerneigenschaft 2:
Begrenze den Work in Progress
(Menge an begonnener Arbeit).
Der WIP ist ein Kern-Element des Kanban-Systems. Die Bedeutung des WIP wird durch diese Kerneigenschaft hervorgehoben. Ein Kanban ohne WIP ist letztendlich eher eine Aufgabenliste. Ohne WIP-Limits kommt das Pull-Prinzip nicht wirklich zum Tragen. Die Ziele von Kanban werden nicht erfüllt. Insbesondere für den Arbeitsfluss ist der WIP von hoher Bedeutung.

Kerneigenschaft 3:
Führe Messungen zum Fluss durch und kontrolliere ihn.
Die dritte Kerneigenschaft zielt weniger auf die Gestaltung und Einführung des Kanban-Systems als auf dessen Nutzung ab. Durch die gezielte Messung und Kontrolle des Flusses wird geprüft, ob die Parameter richtig eingesetzt werden und ob im laufenden Betrieb die Ziele erreicht werden.

Der Ablauf und die Parameter für die Messung und Kontrolle müssen innerhalb der Einführung festgelegt werden. Hierbei wird deutlich, dass die automatische Abbildung der Messung des Flusses eine wichtige Funktion und auch ein Grund für die Nutzung eines IT-Systems für Kanban sein kein. Darauf wird in Kapitel 8 „KANBAN IT-Tools: Anwendungen auswählen und nutzen" eingegangen.

Kerneigenschaft 4:
Mache die Regeln für den Prozess explizit.
Kanban kommt von Grund auf mit wenigen Regeln aus und lässt diese auch relativ frei. Um die Ziele von Kanban zu erreichen, müssen aber eine Reihe von gemeinsamen Vereinbarungen getroffen werden, z. B. die Bedeutung eines Status. Diese müssen deutlich für alle verständlich und zugänglich dokumentiert werden. Wichtig ist es, die Regeln auf ein sinnvolles und übersichtliches Maß zu bringen. Hier gilt: so wenig wie möglich, so viele wie nötig.

Kerneigenschaft 5:
Verwende Modelle, um Chancen für Verbesserungen zu erkennen.

Kanban zielt auf eine kontinuierliche Verbesserung ab. Diese Verbesserung soll aus dem Team herauskommen, aber auch durch gezielte und systematische Analysen gestärkt werden. Hier gilt es, ein geeignetes Set an Modellen und Werkzeugen zu nutzen, um die Chancen für Verbesserungen zu erkennen. David Anderson sieht als Haupthebel die Beseitigung von Verschwendung und Engpässen sowie die Reduktion von Variabilität. Als Modelle hierfür schlägt er die Engpasstheorie, das Lean Management sowie Qualitätsmanagement-Techniken wie Six Sigma vor.[161]

Zunächst sollten bekannte und erprobte Verfahren verwendet und dann bei Bedarf gezielt erweitert werden. In den letzten Jahren haben eine ganze Reihe von Modellen ihre Vor- und Nachteile unter Beweis gestellt.

161 David J. Anderson, *Kanban: Evolutionäres Change Management für IT-Organisationen,* Heidelberg: dpunkt-Verl., 2011, S. 197.

Reflexionsfragen Kapitel 5

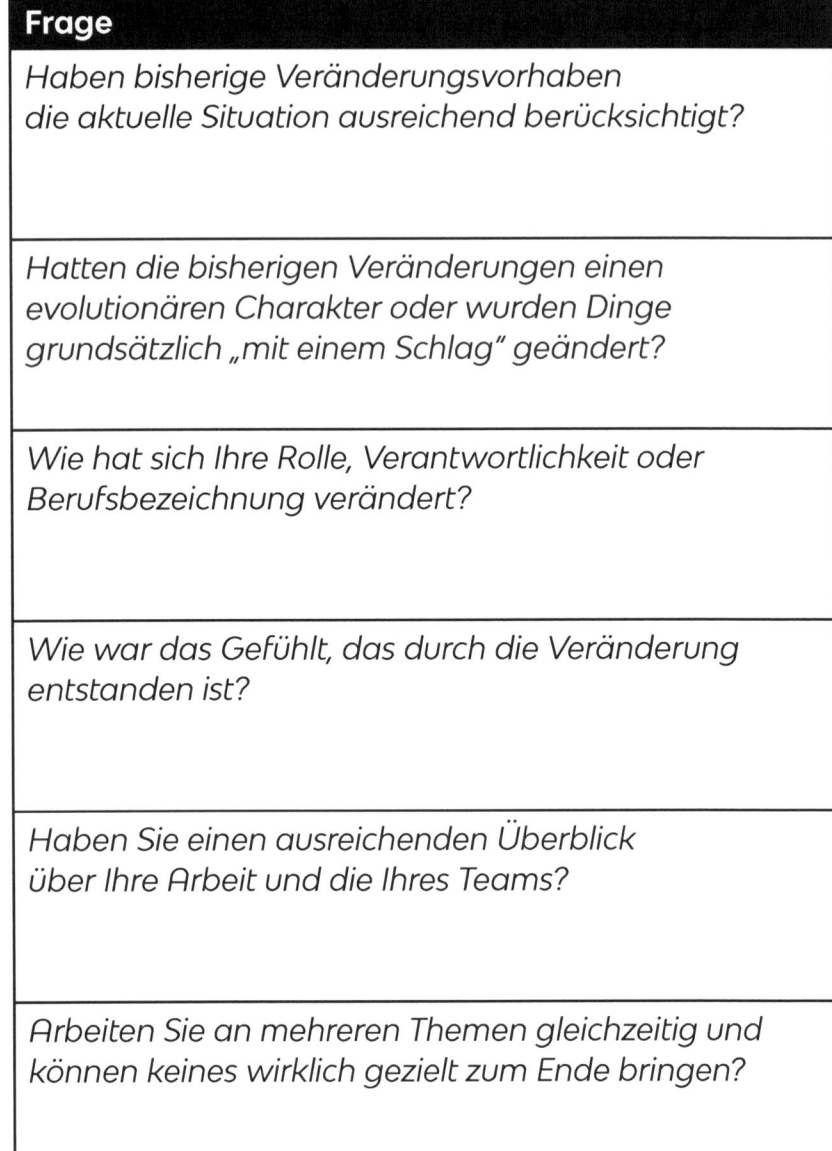

Frage
Haben bisherige Veränderungsvorhaben die aktuelle Situation ausreichend berücksichtigt?
Hatten die bisherigen Veränderungen einen evolutionären Charakter oder wurden Dinge grundsätzlich „mit einem Schlag" geändert?
Wie hat sich Ihre Rolle, Verantwortlichkeit oder Berufsbezeichnung verändert?
Wie war das Gefühlt, das durch die Veränderung entstanden ist?
Haben Sie einen ausreichenden Überblick über Ihre Arbeit und die Ihres Teams?
Arbeiten Sie an mehreren Themen gleichzeitig und können keines wirklich gezielt zum Ende bringen?

Frage
Erfolgt eine Messung auf Basis der wirklichen Arbeit oder anhand von anderen Faktoren?
Liegen klare Regeln für die Priorisierung und Strukturierung Ihrer Arbeit vor?
Wird die Art und Weise, wie das Team arbeitet, gezielt kontinuierlich weiterentwickelt?

Mir geht es bei der Betrachtung von Werten wahrscheinlich wie den meisten. Zu oft musste ich hierbei auch enttäuschende Abweichungen erkennen.
Blicken wir zurück in Kapitel 1, sind eben genau die Werte enthalten, wie Menschen in Interaktion miteinander treten. Dies positiv zu beeinflussen und mit klaren Grundprinzipen zu arbeiten, halte ich für eine große Stärke von Kanban.

Teil II: KANBAN

Arbeit verändern

Abbildung 43: Was ist Kanban?

Was ist Kanban eigentlich? Gibt man den Begriff bei einer großen Suchmaschine ein, von der man eigentlich sonst meist gute Antworten erhält, und filtert die Produktionssteuerung heraus, findet man die in Abbildung 43 dargestellten Ergebnisse.

Die Ergebnisse zeigen doch eine unerwartete Streuung: *Kanban ist eine Methode. Kanban ist agil. Kanban ist Projektmanagement. Kanban ist Projektsteuerung. Kanban ist Softwareentwicklung. Kanban ist evolutionär. Kanban ist Change Management ...?*

Zusammenfassen lassen sich die Punkte wie folgt:

Kanban kommt aus der Software-Entwicklung. Der Ursprung basiert auf den Ideen des agilen Managements. Kanban wird in Projekten eingesetzt. Kanban unterstützt evolutionäre Veränderungsprozesse.
Letztendlich ist KANBAN eine **Methode, um Arbeit zu strukturieren, zu visualisieren, zu steuern und kontinuierlich weiterzuentwickeln**.
KANBAN kann in unterschiedlichen Projektmanagement-Ansätzen – egal ob klassisch, agil, lean oder hybrid – eingesetzt werden. KANBAN kann für eine Vielzahl von unterschiedlichen Prozessen genutzt werden.

Wie diese Methode eingeführt und genutzt wird, wie mögliche Einsatzszenarien aussehen können, welche IT-Tools hierfür eingesetzt werden können und welche Auswirkungen dies auf die Organisation hat, wird im Teil II betrachtet.

6. KANBAN: Einführen und nutzen

Eine Methode wie KANBAN verlangt ein planmäßiges Vorgehen, um die Ziele zu erreichen. Wie aus den vorherigen Kapiteln hoffentlich hervorgegangen ist, sind die Voraussetzungen für die Einführung von KANBAN begrenzt. Dies ist Teil der Philosophie und eine der großen Stärken von KANBAN. Aber gerade aufgrund der Einfachheit ist eine strukturierte Einführung einem reinen Vorgehen nach *Versuch und Irrtum* vorzuziehen. Ein KANBAN-Board ist ohne großes Vorwissen aufgebaut und zum Leben erweckt. Die wirklichen Vorteile von KANBAN und eine nachhaltige Veränderung der Arbeit wird auf diesem Weg aber nicht erreicht. Es muss eine für den Bereich passgenaue Lösung erarbeitet werden. Ziel der Einführung von KANBAN sollte nicht die Einführung selbst sein, sondern die positive Veränderung der Arbeit. Denn auch die Einführung von KANBAN bedeutet eine Veränderung, die zunächst Ressourcen bindet und Irritationen schaffen kann.

KANBAN lebt vom Verständnis und der Akzeptanz der Mitarbeiter. „Vorschläge für Veränderungen, die nicht zum jeweiligen Kontext passen, werden von Menschen zurückgewiesen, die in diesem Projektkontext leben und ihn verstehen."[162] Dementsprechend lebt die KANBAN-Einführung von der aktiven Beteiligung des Team, das die System-Parameter und Regeln festlegt.

---

162 Ebd., S. 6.

Für die Einführung von Kanban gibt es eine Reihe von Vorschlägen, aber kein fest vordefiniertes Modell. Achouiantz und Nordin liefern mit in ihrem Kanban Kick-Start Field Guide einen sehr strukturierten Rahmen für die Einführung im IT-Bereich.[163] David Anderson fasst die Einführung mit dem Konzept „Systems Thinking Approach to Introducing Kanban" (kurz: STATIK) zusammen. Der Ablauf für einen Service beinhaltet die folgenden Schritte, die nicht sequenziell, sondern durchaus iterativ durchlaufen werden:

0. Identifikation der Services
1. Klärung des „Fit for Purpose"
2. Erkennen von Quellen der Unzufriedenheit
3. Analyse der Anforderungen
4. Analyse der Leistungsfähigkeit
5. Modellierung des Workflows
6. Identifikation der Serviceklassen
7. Gestaltung des Kanban-Systems
8. Implementierung des Systems und Board-Design[164]

Auf Basis von Elementen des Kanban Kick-Starts, von STATIK und von weiteren Erfahrungen wird ein übergreifendes Konzept für die Einführung von KANBAN für Projekte und Prozesse vorgestellt. Der Ablauf ist in Abbildung 44 dargestellt.

Den Startpunkt bildet die Festlegung des Bereichs und die Analyse der aktuellen Situation des Bereichs und des Umfeldes. Hierbei werden Stärken und Schwächen identifi-

---

163 Christophe Achouiantz & Johan Nordin, *The Kanban Kick-start Field Guide: Create the Capability to Evolve.*

164 David J. Anderson & Andy Carmichael, *Die Essenz von Kanban kompakt*, Heidelberg: dpunkt.verlag, 2018, S. 41.

ziert. Ausgehend von der Analyse wird die zukünftige Ausrichtung erarbeitet und die Zielsetzung festgelegt. Auf dieser Basis kann geprüft werden, inwieweit KANBAN zur Erreichung der definierten Ziele geeignet ist. Bei vorliegender Eignung werden die Kenntnisse über KANBAN innerhalb des ganzen Teams ausgebaut. Dieses gemeinsame Verständnis unterstützt dann die Gestaltung und Nutzung von KANBAN sowie die kontinuierliche Verbesserung. Das Vorgehen bei der Einführung ist natürlich stark von den Rahmenbedingen der Organisation abhängig, in der KANBAN genutzt werden soll.

Situation analysieren	Ziele definieren	KANBAN erklären	KANBAN gestalten	KANBAN nutzen	KANBAN verbessern
• Bereich festlegen • Umfeld analysieren • Stärken / Schwächen identifizieren	• Ausrichtung erarbeiten • Ziele definieren • KANBAN-Fit prüfen	Erläuterung: • Grundbegriffe • KANBAN-System • KANBAN-Philosophie	• Aufgaben zerlegen • Prozess definieren • Kapazität abgleichen • Board aufbauen • WIP limitieren • Rhythmus festlegen • Meetings strukturieren • Steuerung gestalten • Regeln zusammenfassen	• KANBAN implementieren • Erfahrungen sammeln	• Review einleiten • Methoden und Modelle einsetzen

Abbildung 44: Vorgehen KANBAN-Einführung
(Eigene Darstellung)

Welche Ausrichtung hat die Organisation und wie wirkt sich diese auf die Einführung aus?
Wie werden in der Organisation Entscheidungen getroffen?
Welche Ebenen gilt es zu berücksichtigen? Wie erfolgt die bisherige Interaktion? Welche Kenntnisse und Erfahrungen hat das Team, Kunden sowie angrenzende Bereiche?
Wird KANBAN für Projekte oder Prozesse genutzt?
Aufgrund der unterschiedlichen Rahmenbedingen stellen die beschriebenen Schritte nur einen Rahmen dar, der auf die vorliegende Situation angepasst werden muss. Dem-

entsprechend bildet auch die Analyse der vorliegenden Ist-Situation den Ausgangspunkt.

6.1. Situation analysieren

Dem ersten Grundprinzip von KANBAN folgend *„Beginne dort, wo du dich im Moment befindest"*, ist es wichtig zu verstehen, wo man sich im Moment befindet. Diese Situation sollte innerhalb der Einführung oder sogar im Vorfeld analysiert werden. Dabei geht es nicht um eine monatelange Detailanalyse, sondern um die gezielte strukturierte Beantwortung von den wichtigsten Fragen. Die Erarbeitung erfolgt im möglichst vollständigen Team, um wichtige Informationen zu erhalten und die Akzeptanz zu fördern.

In der Regel ist es sinnvoll, zunächst den Bereich der Analyse festzulegen und ggf. Prioritäten zu setzen.
Welche Teile sind betroffen?
Welche Teile sind besonders wichtig?

Ausgangspunkt der Analyse bilden dann die aktuellen Aufgaben und Abläufe. Hierfür bieten sich Standard-Methoden der Prozess-Modellierung an. Dabei kann die Modellierung durchaus auf einem hohen Detaillierungsgrad erfolgen. Wichtig ist, sich nicht in einer Vielzahl von Möglichkeiten und Verzweigungen zu verheddern, sondern zügig zu einem akzeptierten Modell zu gelangen.
Die Betrachtung des Prozesses liefert Ausgangspunkte bei der Identifikation von Schwachstellen.
Was läuft gut und was läuft schlecht?
Wo müssen wir uns verbessern?
Was sollte unbedingt beibehalten werden?

Die Analyse wird dabei möglichst offengehalten. An dieser Stelle steht noch nicht KANBAN als eine Lösungsoption, sondern die angestrebte Verbesserung im Vordergrund. Auf Basis der Analyse sollte eine offene Diskussion über mögliche Lösungsalternativen stattfinden. Es wird auch Klarheit darüber geschaffen, welche Probleme durch KANBAN gelöst werden und welche nicht.

6.2. Ziele definieren

Aus der Analyse heraus werden klar Ziele und auch Nicht-Ziele definiert. Diese sollten sich im Einklang mit den Möglichkeiten und Grenzen von KANBAN befinden. Zum Einstieg ist die Betrachtung der in Kapitel 4 vorgestellten Ziele hilfreich. In Abbildung 45 sind die Ziele von Kanban zusammengefasst. Dieses Set kann als Grundlage für die weitere Bearbeitung der Ziele genutzt werden.

Abbildung 45: KANBAN-Ziele
(Eigene Darstellung in Anlehnung an Anderson)[165]

Daneben gibt es klare Ziele, die sich – wie in Kapitel 1.1. beschrieben – aus der Strategie ergeben und auf die Einheiten heruntergebrochen werden kann. KANBAN muss sich im Einklang mit den Werten der Organisation und

165 David J. Anderson, *Kanban: Evolutionäres Change Management für IT-Organisationen*, Heidelberg: dpunkt-Verl., 2011, S. 178-183.

deren Zielen befinden und einen positiven Beitrag für die Erreichung leisten.

Für die Beschreibung der Ziele ist eine möglichst konkrete und nachvollziehbare Beschreibung anzustreben. Ein Instrument, das hierbei unterstützen kann, ist die SMART-Checkliste. Eine Vorlage ist in Abbildung 46 dargestellt.

Ziel	Spezifisch	Messbar	Akzeptabel	Realistisch	Terminiert	Kommentar

Abbildung 46: Check-Liste „SMART" (Eigene Darstellung)

Mit der Checkliste wird Ziel für Ziel durchgegangen und geprüft, ob und wie die Punkte eingehalten werden können. Zunächst wird geprüft, ob das Ziel spezifisch ist. Betrachtet man beispielsweise das erste Ziel, den Prozess zu entwickeln oder zu optimieren, wird deutlich, dass dies recht allgemein ist. Das Ziel sollte konkretisiert werden: Z.B. die Zusammenarbeit im Prozess wird verbessert, der Informationsfluss gestärkt oder Doppelarbeiten werden vermieden. Die Zuordnung von Messgrößen hilft, die Erreichbarkeit der Ziele aufzuzeigen. Hierfür können die Kennzahlen des KANBAN-Systems, aber auch weitere genutzt werden. Nur wenn die Ziele von den Beteiligten akzeptiert werden, können sie der Ausrichtungs- und Motivationsfunktion gerecht werden. Hierfür müssen realistische Ziele gesetzt werden. Jedes Ziel benötigt einen Termin, zu dem dieses oder zumindest Teile davon erreicht werden.

Umso stimmiger die Ziele definiert sind, desto einfacher gelingt die Ausrichtung innerhalb des Teams und ggf. auch die Koordination mit externen Interessengruppen. Die Ziele müssen von allen verstanden und möglichst getragen werden und schaffen damit den Rahmen für eine erfolgreiche Einführung und Nutzung.

Auf Basis der Analyse und Zieldefinition kann dann auch die Eignung von KANBAN geprüft werden. Hierzu bietet es sich an, zu jedem Ziel den potentiellen Beitrag von KANBAN und anderen Alternativen kurz zusammenzufassen und auf dieser Basis eine Bewertung vorzunehmen.

6.3. KANBAN erklären

Für den Fall, dass KANBAN auf Basis der Analyse und Überprüfung die vielversprechendste Alternative darstellt, muss das Verständnis des Teams erweitert und auf eine gemeinsame Ebene gebracht werden.

Die Grundzüge von KANBAN sind einfach, verständlich und nachvollziehbar. Umso wichtiger ist es, diese den Beteiligten in einer professionellen Art und Weise bekannt zu machen. Auch wenn KANBAN auf eine evolutionäre, schrittweise Veränderung abzielt, bringt der Einsatz von KANBAN Veränderungen mit sich. Eines der wirkungsvollsten Elemente, Veränderungen erfolgreich umzusetzen, ist der Aufbau eines gemeinsamen Verständnisses durch Lernen.

Die wesentlichen Grundlagen und Begriffe müssen den Beteiligten gezielt vermittelt werden. Hierbei handelt es sich um Grundlagenwissen, welches mehrfach wiederholt werden muss. Dies ist am ehesten vergleichbar mit dem Lernen von Vokabeln. Glücklicherweise ist der neue Wortschatz von KANBAN übersichtlich. Die folgenden Vokabeln sollten beim Team bekannt sein:

KANBAN, WIP, Status

Neben den Vokabeln sollten Funktionsweisen von KANBAN und die Philosophie hinter KANBAN verstanden werden:

Board, Karte, Pull-Prinzip, Input-Output Rhythmus, Durchlaufzeit, Grundprinzipien, Kerneigenschaften

Hier sind weitere Erläuterungen und auch offene Diskussionen notwendig, um das gemeinsame Verständnis auf zu bauen.

Der Aufbau von Wissen, Verständnis und letzten Endes einer Änderung des Verhaltens ist in der Regel nicht mit einer einmaligen frontalen Schulung erledigt. Die zentralen Begriffe müssen mehrfach wiederholt werden. Funktionsweisen müssen anschaulich an Beispielen verdeutlicht werden und neue Verhaltensweisen müssen trainiert werden. Das Lernverhalten der Team-Mitglieder wird recht individuell sein. Entsprechend individuell sollte KANBAN erklärt werden.

Der Übergang zwischen Schulung, System-Design und Nutzung kann dabei durchaus fließend gestaltet werden. Nach einer knappen, aber fokussierten Erklärung kann ein Learning by Doing-Ansatz vielversprechend sein, denn dieser entspricht den Grundgedanken von KANBAN. Oder nach Konfuzius: *„Sage es mir und ich werde es vergessen ... Zeige es mir und ich werde es vielleicht behalten ... Lass es mich tun und ich werde es können."*

6.4. KANBAN gestalten

Nachdem die Ausgangssituation analysiert, KANBAN als die Alternative abgestimmt, das Ziel definiert und ein gemeinsames Verständnis geschaffen wurde, kann im nächsten Schritt das KANBAN-System und dessen Elemente definiert werden. Die Festlegung der Elemente erfolgt in Abstimmung im Team. Die Erarbeitung kann dabei durchaus mehrere Schleifen durchlaufen.

6.4.1. Aufgabe zerlegen

Das Verständnis und die darauf basierende Zerlegung der Aufgaben ist einer der schwierigsten, aber auch wesentlichsten Schritte bei der Nutzung von KANBAN. Die Zerlegung stellt eine planerische Tätigkeit dar, denn die Ausgestaltung und Durchführung der Aufgabe erfolgt in der Zukunft. Umso mehr Erfahrungen hierbei vorliegen, desto einfacher ist die Zerlegung.
Die Zerlegung und auch einige damit verbundene Schwierigkeiten lassen sich gut anhand eines Bildes des VDI veranschaulichen, welches in Abbildung 47 dargestellt wird. Das Gesamtproblem wird in Teilprobleme unterteilt und weiter in Einzelprobleme heruntergebrochen. Für die Einzelprobleme werden Lösungen erarbeitet und in Teillösungen und am Ende in eine Gesamtlösung integriert. Dieses Vorgehen ist nützlich, um gezielt Probleme zu lösen.

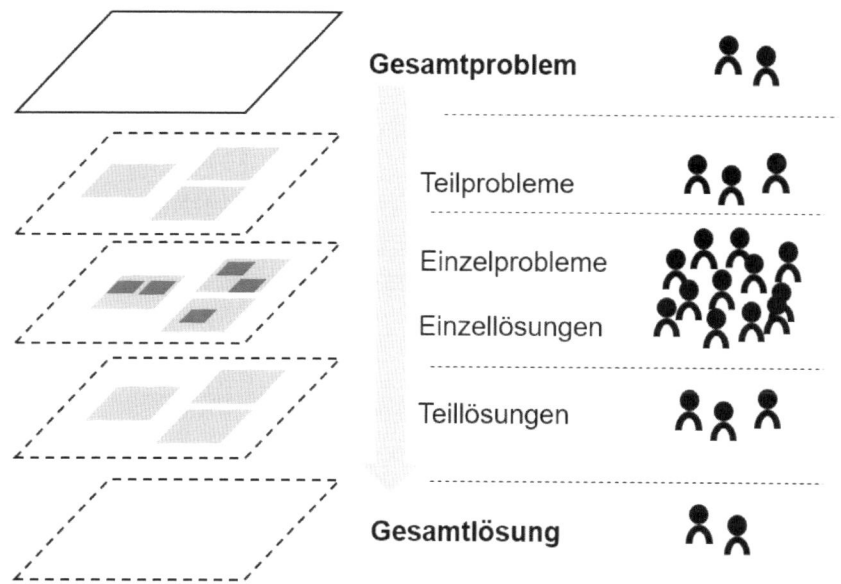

Abbildung 47: Dekomposition und Integration
(Eigene Darstellung in Anlehnung an VDI)[166]

Betrachtet man in Ergänzung die unterschiedlichen Perspektiven, wird ein wesentliches Problem, das durch die Zerlegungen entsteht, deutlich. Die Sichtweise auf den Ebenen ist eine andere. Durch die Zerlegung geht die Ganzheit verloren. Dies betrifft die Ebenen der Gesamt- und Teillösung als auch die der Einzellösungen gleichermaßen. Der Ebene der Gesamt- und Teillösung fehlen wesentliche Details zu den Einzellösungen. Der Ebene der Einzellösungen fehlt der Blick auf andere Einzellösungen und auf die Teil- und Gesamt-Lösung. Die Zerlegung von Aufgaben muss ein gemeinschaftlicher, transparenter Prozess sein, der die Ebenen verbindet und eine Ganzheit herstellt.

166 Udo Lindemann, *Handbuch Produktentwicklung*, München: Hanser, 2016.

Bei der Zerlegung sind weitere Aspekte zu beachten, die anhand von Abbildung 48 veranschaulicht werden.

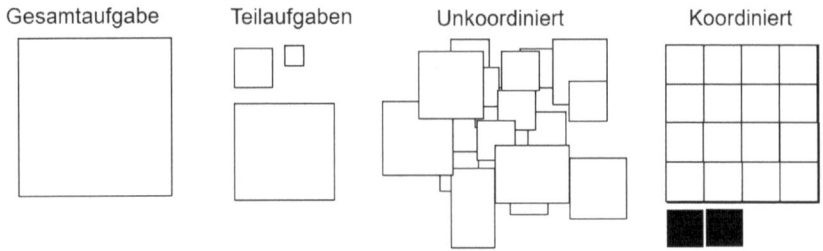

Abbildung 48: Aufgaben-Zerlegung (Eigene Darstellung)

Bei der Zerlegung der Gesamtaufgabe in Teilaufgaben können Aufgaben unterschiedlichster Größen entstehen. Erfolgt die Zerlegung unkoordiniert, können Überlagerungen sowie nicht abgedeckte Bereiche entstehen. Durch die Koordination entstehen allerdings neue zusätzliche Aufgaben (im Bild in Schwarz hinzugefügt). Koordination und Aufgabenerfüllung müssen im richtigen Verhältnis stehen. An welcher Stelle wird wirklich Koordination benötigt und welchen Nutzen stiftet diese? Dies betrifft die gesamte Organisation, aber eben auch Bereiche wie einzelne Projekte oder Prozesse.

Die Zerlegung wird u.a. auch durchgeführt, da – in der hochspezialisierten Arbeitswelt – Teilaufgaben durch bestimmte Bereiche oder Teams durchgeführt werden müssen. Daneben können natürlich auch mehrere Aufgaben mit unterschiedlichen Charakteristika vorliegen. Hierfür können Aufgaben-Typen verwendet werden.

Bei der Zerlegung ist klar, dass sich – in der Regel – nicht alle Teil- und Einzelaufgaben sinnvoll in gleich große Einheiten teilen lassen. Um diesem Umstand gerecht zu werden, werden standardisierte Aufgabengrößen definiert.

Diese können dann in Größen-Kategorien unterteilt werden. Damit wird innerhalb einer Gruppe eine möglichst große Homogenität hergestellt.

Es haben auch nicht alle Aufgaben die gleiche Priorität. Hierfür ist es hilfreich, mit standardisierten Prioritäten oder Service-Klassen zu arbeiten. Die standardisierte Definition von Service-Klassen führt zu einem einheitlichen Vorgehen und nicht zu einer zeitraubenden, fallweisen Diskussion.

6.4.2. Prozess definieren

KANBAN hat die Visualisierung und Gestaltung des Flusses der Arbeit zum Inhalt. Dementsprechend bildet auch die Betrachtung des Ablaufs den Ausgangspunkt bei der weiteren Gestaltung des KANBAN-Systems. Im Rahmen der Analyse der Ist-Situation sollte der grobe Rahmen schon vorliegen.

In diesem Schritt werden die einzelnen Schritte nochmal wiederholt und unter den Beteiligten abgestimmt. Dies startet mit der Festlegung des Inputs, geht über die einzelnen Bearbeitungsschritte bis zur Erstellung des Outputs. Wichtig für den Prozess im KANBAN-System ist, dass nicht einfach ein festgelegter Soll-Prozess verwendet wird, sondern im System die Arbeit so abgebildet wird, wie sie tatsächlich durchgeführt wird.

Im KANBAN-Prozess kann und soll in der Regel nicht jede Elementar-Tätigkeit abgebildet werden. Die „dominanten Aktivitäten" stehen im Vordergrund. Dies bedeutet, dass bestehende Prozess-Modelle bei Bedarf aggregiert werden müssen. In anderen Fällen kann auch die Einbeziehung von detaillierteren Ebenen notwendig sein.

Trotz der Forderung nach einer realistischen Modellierung darf das Modell auch nicht alle möglichen Sonderfälle abdecken. Es ist der Ablauf zu finden, der auf den Großteil der Aufgaben zutrifft.

Gerade bei Projekten sind Konstellationen denkbar, bei denen die Ableitung des Prozesses nicht ganz offensichtlich ist. Der Fluss der Arbeit scheint für jede Aufgabe einen unterschiedlichen Ablauf zu nehmen. In diesem Fall lohnt es, sich die erwarteten Ergebnisse nochmal anzusehen. In welcher Form wird der Output erstellt? Gibt es unterschiedliche Output-Elemente? Lässt sich der Output in kleinere Einheiten teilen?

Neben der Betrachtung der Ergebnis-Typen kann ein Wechsel der Perspektive notwendig sein. Die Gemeinsamkeiten im Ablauf können durchaus auf einer höheren Ebene liegen.

Jedem Prozess-Schritt bzw. jeder Aktivität wird zusätzlich ein Status zugewiesen, über den signalisiert wird, in welchem Stadium sich die Bearbeitung entlang des Prozesses gerade befindet. Hier wird eine gebräuchliche Einteilung wie „offen", „in Arbeit" und „fertig" genutzt.

Sollten in diesem Einführungsstadium alle Bemühungen scheitern, einen Ablauf zu definieren, kann erst mal auch ohne Prozess gestartet werden und ein einfaches Board mit Status genutzt werden. Im Rahmen der weiteren Einführungsschritte und der Nutzung können sich dann durchaus noch ein oder mehrere Prozesse entwickeln.

6.4.3. Board aufbauen

Die Gestaltung des KANBAN-Boards und der dazugehörigen Karten ergibt sich grundlegend aus dem in Kapitel 3 vorgestellten Basis-Aufbau des KANBAN-Boards, der Aufteilung der Aufgaben, den Aufgaben-Typen sowie der Gestaltung des Prozesses, mit den Status-Informationen und gegebenenfalls zusätzlichen Puffer-Spalten. Bedingt durch die dominante Rolle der Visualisierung und des KANBAN-Boards, gibt es Tendenzen, direkt mit der Gestaltung des Boards zu beginnen und die Zerlegung der Aufgaben und die Definition des Prozesses direkt am Board vorzunehmen. Dies mag in einigen Fällen pragmatisch und vorteilhaft sein. In vielen Fällen wird der Fokus aber abgelenkt.

Neben der Gestaltung des Boards liegt eine grundlegende Fragestellung vor, in welcher Form das Board abgebildet wird. Es gibt sowohl in analoger als auch in digitaler Form eine Reihe von Optionen. Eine detaillierte Betrachtung der Möglichkeiten von digitalen Boards sowie eine Auswahl von IT-Tools befindet sich in Kapitel 8.

Für die Entwicklung und den Einstieg ist – aufgrund der besseren und direkten Kommunikation – die Nutzung eines analogen Boards ansprechender. Entwürfe können schnell auf einem White-Board erstellt und dann angepasst werden.

Für die weitere Nutzung sind die Art der Zusammenarbeit und die Rahmenbedingungen entscheidend: Hat das Team eine feste Struktur, arbeitet es an einem Ort und hat es die Möglichkeit, ein Board in ausreichender Größe zu platzieren und kann es auch entsprechend Zugriff bekommen? Dann ist – trotz des Trends zur Digitalisierung oder gerade deshalb – die Nutzung der analogen Variante vorzuziehen. Das Team kommt für die Meetings gemeinsam an einen Ort zusammen und bespricht die wesentlichen Punkte, die transparent an der Wand hängen. Veränderung werden physisch sichtbar vorgenommen und ggf. auch gefeiert.

Liegen diese Rahmenbedingungen nicht vor, bietet sich die Nutzung eines digitalen Boards an. Das digitale Board, oder vielmehr die ganze Anwendung, verfügt daneben auch über weitere Funktionalitäten.

Als weitere Möglichkeit können das analoge und digitale Board kombiniert werden. Dies verlangt einen doppelten Pflegeaufwand, kombiniert aber dafür die Vorteile von beiden Alternativen.

6.4.4. Kapazität abgleichen

Für die Erfüllung der Aufgaben durch die im Prozess festgelegten Tätigkeiten werden Ressourcen benötigt. Diese werden innerhalb der Wissensarbeit durch Mitarbeiter dargestellt. Es können aber auch andere Ressourcen betrachtet werden.

Jede Tätigkeit verursacht eine Kapazitätsnachfrage, die durch ein Kapazitätsangebot durch Mitarbeiter gedeckt werden muss. Um das KANBAN-System in den Fluss zu versetzen, muss dies soweit möglich in Balance versetzt werden. Dies betrifft die Zuordnung der Ressourcen zu den Aufgabentypen als auch die Zuordnung zu den einzelnen Prozess-Schritten oder Aktivitäten.

Im System muss eine Transparenz über die realistisch vorliegende Kapazität vorliegen. Um langfristig die Einschätzung zu verbessern, ist auch eine Aufzeichnung des Ressourcenverbrauchs notwendig.

6.4.5. WIP limitieren

Eine der wichtigsten Entscheidungen bei der Einführung von Kanban besteht darin, die richtigen Limits für den WIP zu setzen.[167] Durch die Limitierung des WIP wird Multitasking eingeschränkt und das Pull-Prinzip ermöglicht. „Für die richtige Wahl der WIP-Limits gibt es keine magische Formel."[168]
Bei der Festlegung der WIP-Limits ist ein Blick auf die Elemente, die davon beeinflusst werden, hilfreich. Einige Zusammenhänge können mathematisch mit Littles Gesetz aus der Warteschlangentheorie gefasst werden. Hier gilt: Der durchschnittliche WIP entspricht dem Produkt aus durchschnittlicher Lieferrate und durchschnittlicher Durchlaufzeit. Diese Parameter stehen also in der Theorie in einer festen Beziehung zueinander.[169] Veränderungen des WIP bedingen Veränderungen in der Durchlaufzeit oder Lieferrate. Auch wenn das Modell einige Restriktionen, wie die Durchschnittswerte und die Stabilität des Systems voraussetzt, schafft der Zusammenhang eine wichtige

---

167 David J. Anderson, *Kanban: Evolutionäres Change Management für IT-Organisationen,* Heidelberg: dpunkt-Verl., 2011, S. 121.

168 Ebd., S. 122.

169 Mike Burrows, Florian Eisenberg & Wolfgang Wiedenroth, *Kanban: Verstehen, einführen, anwenden,* 1. Auflage Heidelberg: dpunkt.verlag, 2015, S. 154.

Orientierung und veranschaulicht, welche Parameter bei Limitierung des WIP (u.a.) zu beachten sind.

Die WIP-Limits sollten innerhalb der Organisation insbesondere mit den vor- und nachgelagerten Prozessen und dem Management abgestimmt werden.[170] Nur Limitierungen, die von den Beteiligten verstanden und akzeptiert werden, können nachhaltig ihre Wirkung entfalten. Ist dies nicht der Fall, wird der Mechanismus bei der ersten Notwendigkeit umgangen.

Zur Veranschaulichung der Wirkung von WIP-Limits und zur ersten Annäherung ist es hilfreich, die Auswirkung von zu hohen oder zu niedrigen WIP-Limits zu betrachten.

Die Auswirkung eines zu hohen WIP-Limits ist recht einfach. Es gibt keine. Wenn das WIP-Limit zu hoch gesetzt wird, wird der WIP nicht begrenzt. „Mehr WIP im System bedeutet, öfter darauf zu warten, dass andere fertig werden."[171] Damit wird der Effekt, der erreicht werden soll, nicht erreicht. Probleme, die durch die WIP-Limits identifiziert werden könnten, werden nicht aufgedeckt.

Mit einem zu niedrigen WIP-Limit wird das Ziel der Vermeidung von Multitasking auf jeden Fall erreicht. Allerdings sind auch negative Auswirkungen möglich. Diese ergeben sich durch den Arbeitsfluss und den möglichen Engpass. „Sind die Limits zu niedrig gesetzt, könnte ein zu großer Anteil von Arbeit zu einem beliebigen Zeitpunkt blockiert sein."[172] Bei einem zu niedrigen WIP-Limit können Leerlaufsituationen entstehen. „Allzu enge initiale WIP-Li-

---

170 David J. Anderson, *Kanban: Evolutionäres Change Management für IT-Organisationen*, Heidelberg: dpunkt-Verl., 2011, S. 121.

171 Mike Burrows, Florian Eisenberg & Wolfgang Wiedenroth, *Kanban: Verstehen, einführen, anwenden,* 1. Auflage Heidelberg: dpunkt.verlag, 2015, S. 16.

172 Ebd., S. 15.

mits können zu extremem Druck auf die Organisation führen."[173]

Durch KANBAN und die Verwendung von WIP-Limits werden Probleme innerhalb der Organisation aufgedeckt. Dies ist der positive Effekt. Es besteht allerdings die Gefahr, dass KANBAN als Teil des Problems statt der Lösung gesehen wird.[174] Der WIP ist eine Größe, die für den Arbeitsfluss und die Wirkung von KANBAN eine hohe Bedeutung hat. Die spezifische Situation sollte analysiert und kontinuierlich im Auge behalten werden.

Wie viele Aufgaben werden derzeit parallel bearbeitet? Um welche Aufgaben handelt es sich? Wie sind die Durchlaufzeiten und Lieferraten? Mit wie vielen Aufgaben fühlen sich die Mitarbeiter gut?

Auf dieser Basis sollte ein initiales WIP-Limit festgelegt werden. Dieses sollte tendenziell eher vom größeren Wert ausgehen. Es sollte ein schwaches, aber spürbares Limit gesetzt, beobachtet und analysiert und dann sukzessive ein strengeres Limit eingefügt werden. Dabei gilt es, die Gesamtsituation im Auge zu behalten: Nicht jede Verzögerung oder Leerlauf-Situation liegt an einem WIP-Limit.

6.4.6. Rhythmus festlegen

An den Schnittstellen zum definierten Prozess kommt es zum Input und Output. Um das KANBAN-Systems in den Fluss zu versetzen, muss ein möglichst einheitlicher Rhythmus für In- und Output etabliert werden. Dabei werden die Fragen beantwortet, wann und von wem neue Auf-

---

173 David J. Anderson, *Kanban: Evolutionäres Change Management für IT-Organisationen*, Heidelberg: dpunkt-Verl., 2011, S. 127.

174 Ebd., S. 127.

gaben in das System gelangen und wann Ergebnisse geliefert werden sollen.

Hierbei ist eine Abstimmung außerhalb des Teams notwendig. Auch Interessensgruppen, die nicht unmittelbar mit KANBAN arbeiten, sollten eine grundlegende Erklärung über die neue Arbeitsweise erhalten. Dann müssen die Rahmenbedingen verhandelt werden.

Die Herausforderungen bei der Verhandlung sind stark abhängig von dem Maß des Eingriffs in die bisherige Vorgehensweise. Ist beispielsweise ein Kunde gewöhnt, in direktem Kontakt oder per Mail seine Anforderungen jederzeit von seinem Ansprechpartner umgesetzt zu bekommen, können die Regeln von KANBAN eine deutliche Veränderung mit sich bringen. In solch einem Fall muss die Funktionsweise noch besser erklärt werden oder besser: Wie im XIT-Case muss ein zusätzlicher Nutzen für den Kunden geschaffen werden.

Auch wenn der Kunde, dessen Zufriedenheit und der Rhythmus, in dem Anforderungen definiert und Ergebnisse bereitgestellt werden, im Fokus von KANBAN stehen, ist es nicht zwingend notwendig, den bestehenden Rhythmus sofort zu verändern. Die externen Sichtweisen sollten die Einführung und Nutzung von KANBAN in der frühen Phase nicht einschränken oder ausbremsen. Mit einer reiferen Nutzung des Systems und den ersten Erfolgen werden hoffentlich die notwendigen Argumente schnell geliefert.

6.4.7. Meetings strukturieren

Um einen regelmäßigen Arbeitsfluss zu schaffen, müssen die Termine und Strukturen der Meetings festgesetzt werden. Dies betrifft hauptsächlich das team-interne Stand-up Meeting sowie das Anschluss Meeting.

In der ursprünglichen Form von Kanban ist das Stand-up Meeting als tägliches Update von 15 Minuten vorgesehen. Diese Form ist für eine Reihe von Anwendungen sehr vielversprechend. Innerhalb von kurzer Zeit bekommt das gesamte Team einen schnellen Überblick über den Stand der Arbeit.

Für das Meeting sind aber auch durchaus längere Abstände möglich. Dies kann an der Verfügbarkeit der Team-Mitglieder oder der Art und Größe der vorliegenden Aufgaben liegen. Wichtig ist die Regelmäßigkeit und effiziente Struktur der Meetings. Das KANBAN-Meeting darf nicht nur ein zusätzlicher störender Eintrag im Kalender sein.

Der Einsatz der Anschluss-Meetings ist ein wichtiges Element, um das Stand-up in der schlanken Struktur zu führen. Spezielle Fragestellungen können auf diese Art und Weise, von den betroffenen Team-Mitgliedern bearbeitet werden. Durch den direkten Übergang aus dem Stand-up ist keine lange Terminfindung notwendig. Die Team-Mitglieder sind über den Austausch informiert und es wird keiner ausgegrenzt.

Ähnlich wie bei Scrum ist es hilfreich, die Betrachtung der eigenen Vorgehensweise und potentielle Entwicklungsmöglichkeiten nicht im Rahmen des Stand-up zu platzieren. Dies würde den zeitlichen Rahmen sprengen und zu unnötigen Diskussionspunkten führen. Diese Themen sollten regelmäßig in einem längeren Termin (aus der Retro-spektive) bearbeitet werden.

Neben den Team-Meetings sind regelmäßige Standard-Meetings zur Aufnahme von neuen Anforderungen oder der Bereitstellung von Ergebnissen vorzusehen. Die Terminierung richtet sich nach dem festgelegten Arbeits-Rhythmus. Auch bei diesen Meetings stehen eine klare Struktur und die Effizienz im Vordergrund. Es geht nicht darum, alle Aufgaben neu zu priorisieren, sondern darum, die freiwerdenden Lücken auf dem KANBAN-Board zu füllen.

6.4.8. Steuerung gestalten

Die Messung und Kontrolle des Arbeitsflusses ist eine Kerneigenschaft von KANBAN. Bei der Einführung von KANBAN sind ein entsprechender Ablauf sowie Kenngrößen hierfür vorzusehen. Dabei lassen sich zwei grundlegende Regelkreise unterscheiden.

Die langfristige Steuerung orientiert sich dabei an der festgelegten Zielsetzung und der Fragestellung, inwieweit diese Ziele erreicht werden. Die operative Steuerung betrachtet eher den aktuellen Stand der Arbeit mit KANBAN.

Die klassische Projektzielsetzung *in Time, in Scope, in Budget* bleibt bei Projekten, die mit KANBAN durchgeführt werden, durchaus bestehen. Auch ein KANBAN-System muss eine hohe Qualität, in der vorgegebenen Zeit zu den entsprechenden Kosten bereitstellen. Der Fokus verschiebt sich aber und wird ergänzt. Betrachtet man das in Kapitel 1.1 vorgestellte Zielsystem, wird erkennbar, dass weitere Aspekte dazukommen. Es entspricht nicht der

Zielsetzung, den Termin zu halten, aber den Lieferanten zu verlieren oder Mitarbeitern keine Perspektive zu geben. Die langfristige Zielsetzung und Steuerung von KANBAN muss genau dies umsetzen. Umso besser dies gelingt, desto tiefgehender wird sich die Nutzung in der Organisation etablieren.

Dazu gehört – neben der Betrachtung von Kosten oder Qualität – die Einführung weiterer Kenngrößen, die z. B. die Zufriedenheit der Kunden oder Mitarbeiter wiedergeben. Diese Zahlen lassen sich nicht in einem System ablesen, sondern müssen durch eine systematische Befragung erhoben werden. Neben der reinen Ermittlung der Kennzahl, können auf diesem Wege auch wichtige Informationen für die gezielte Weiterentwicklung von KANBAN gewonnen werden.

Die operative Steuerung von KANBAN muss dabei unterstützen, die Erreichung der Kenngrößen innerhalb der täglichen Arbeit zu steuern. Hier sind es dann Kenngrößen wie die Anzahl KANBAN, der Status oder die blockierten Aufgaben, die Durchlaufzeit, Termintreue, der Durchsatz und die Qualität, die eine wichtige Indikation für den Status und den Arbeitsfluss liefern.

6.4.9. Regeln zusammenfassen

Der vierten Kerneigenschaft von KANBAN folgend ("Mache die Regeln für den Prozess explizit."),[175] sollten zum Abschluss der Gestaltung des KANBAN-Systems die Regeln nochmal kompakt zusammengefasst werden.

---

175 Ebd., S. 19.

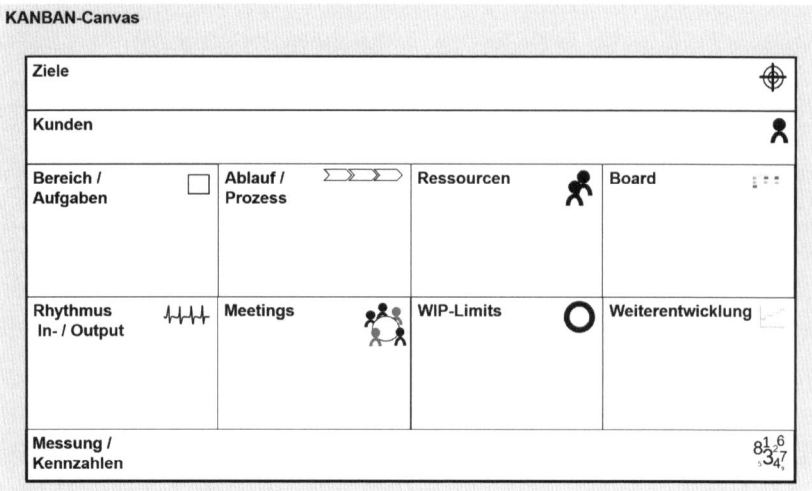

Abbildung 49: Vorlage KANBAN-Canvas
(Eigene Darstellung)

Die Zusammenfassung dient dabei als Erinnerung bei der täglichen Arbeit. Daneben geben die Regeln auch anderen Stakeholder einen Überblick über die Arbeitsweise. Die Regeln und deren Zusammenfassung sollten hierbei so einfach wie möglich gehalten werden. Es sollte kein 100-seitiges KANBAN-Handbuch entstehen.

Eine Möglichkeit ist, die Regeln auf einem Blatt mit Nummern, wie Gebote, zusammenzufassen und direkt neben dem Board zu platzieren. So wird im Team eine Allgegenwärtigkeit der Regeln erzeugt.

Eine weitere Möglichkeit – mit einem starken externen Fokus – ist, die Regeln und das KANBAN-System in einem Canvas zusammenzufassen. Canvas, übersetzt Leinwand, werden genutzt, um umfangreiche Zusammenhänge, wie z. B. ein Geschäftsmodell, übersichtlich dazustellen. In Abbildung 49 ist eine Vorlage für eine KAN-BAN-Canvas dargestellt.

Die KANBAN-Canvas kann daneben als eine Art Richtschnur für die Definition des KANBAN-Systems genutzt werden. Hier werden die wesentlichen Punkte in einer Übersicht zusammengestellt. Auf einer Seite werden Antworten auf die wichtigsten Fragen gegeben:

Was soll erreicht werden? Wer sind die Kunden? Welche Aufgaben sind betroffen? Wie werden die Aufgaben unterteilt? Wann und wie gibt es neue Anforderungen? Wann und wie werden Ergebnisse geliefert? Wie ist der Fluss der Arbeit? Welche Meetings gibt es und wie ist die Struktur? Welche Mitarbeiter werden wie eingesetzt? Wie wird der WIP limitiert? Wie wird die Arbeit visualisiert? Welche Methoden werden wann für die Weiterentwicklung genutzt? Wie wird der Fluss der Arbeit gemessen?

6.5. KANBAN nutzen

Die Gestaltung des KANBAN-Systems mag recht umfangreich wirken, die Punkte sollten aber im Team in wenigen Workshops gezielt abgearbeitet werden, um schnell den entscheidenden Schritt der Nutzung zu machen und um Nutzen zu generieren.

Eine besondere Bedeutung hat hierbei die Anfangsphase. Die neue Arbeitsweise muss erst Schritt für Schritt erlernt werden. Trotz intensiver Vorbereitung werden Situationen entstehen, in denen noch nicht alles funktioniert. An dieser Stelle zeigt sich insbesondere eine Sache: Wie gut wurden innerhalb der Analyse, Zielsetzung, Erklärung und Gestaltung die Team-Mitglieder einbezogen. Dinge, die nicht funktionieren, findet man fast immer. Die Frage ist, welche Einstellung dazu vorliegt.

Hier ist es wichtig, mögliche Widerständen zu überwinden und der Versuchung zu widerstehen, den Fokus auf die dauerhafte Veränderung, Diskussion und Anpassung des Systems zu legen. Der Fokus der Anfangsphase sollte in der Sammlung von Erfahrungen und der Arbeit liegen.

Mögliche Probleme oder Widersprüche im System, z. B. falsch gesetzte WIP-Limits oder unpassende Aufgaben-Typen, werden zunächst schnell und pragmatisch gelöst. Das KANBAN-System kann damit umgehen. Mit weitergehenden Erfahrungen können dann dauerhafte Lösungen in den Entwicklungs-Meetings erarbeitet werden.

Nach der Anfangsphase und hoffentlich zügigen Beseitigung von Kinderkrankheiten erfolgt die Etablierungsphase, in der das Team die Nutzung verinnerlicht hat und der entsprechende Nutzen generiert wird. Die gezielte Förderung der angestrebten Werte und die kontinuierliche Weiterentwicklung schützen davor, in einen über routinierten alltäglichen Trott zu verfallen.

6.5.1. Werte fördern

Die Betrachtung von Werten hat bei der praxisorientierten Betrachtung oftmals etwas Abgerücktes oder sogar Befremdliches. Die Definition von Werten erfolgt auf der Strategie-Ebene innerhalb der Festlegung von Leitlinien, Visionen und Grundsätze. Dies ist eine Ebene, auf die man auf der niedrigen, alltäglichen Praxis nicht unbedingt zu achten braucht.[176] Diese Werte, die sich auf die Ausrichtung der Organisation beziehen, bilden den Rahmen, können aber nur bedingt gefördert werden.

Daneben gibt es aber auch noch Teamwerte und individuelle Werte. Teamwerte fassen Ideen, Ansichten, Orientierungen und Verhaltensweisen, die von einem Team gemeinschaftlich als wichtig, gut und damit erstrebenswert angesehen werden, zusammen und beeinflussen damit das Handeln auf nachhaltige Weise. Individuelle Werte beinhalten die Werte jedes einzelnen und beeinflussen damit nicht nur Urteile und Bewertungen, sondern auch Handlungsweisen.[177] Letztendlich bildet der Einklang der Werte auf den unterschiedlichen Ebenen die Basis für eine erfolgreiche gemeinsame Arbeit.

176 Roman Sauter, Werner Sauter & Roland Wolfig, *Agile Werte- und Kompetenzentwicklung: Wege in eine neue Arbeitswelt,* 1. Auflage Berlin, Heidelberg: Springer Berlin Heidelberg, 2018, S. 134.

177 Ebd., S. 135.

Die Einführung und Nutzung von KANBAN bildet eine Grundlage, ist aber nicht gleichbedeutend mit der Aufnahme der KANBAN-Werte innerhalb des Teams und besonders des Individuums. Hier gibt es keinen Automatismus, der eine direkte Veränderung bringt. Die Veränderung muss gezielt gefördert werden. Dies betrifft manche Werte mehr und manche weniger.

In jedem Fall benötigt die Förderung der Werte Zeit. Wie in Kapitel 1 vorgestellt, ergeben sich diese aus einem Zusammenspiel der unterschiedlichen Ebenen und dringen dabei bis auf die Ebene des Individuums. Dieser Vorgang kann durch Maßnahmen und Verhaltensweisen unterstützt werden.

Ein wichtiger Aspekt ist dabei die Herstellung von Transparenz, die durch die Visualisierung geschaffen wird. Das Team hat die Aufgaben im Blick und die zur Bewältigung stehenden Information sind verfügbar. Für viele gewohnte Arbeitsweisen, die eher ein Zurückhalten von Informationen begünstigt haben, ist dies eine wesentliche Umstellung. Die Vorteile des stetigen Informationsaustauschs müssen erarbeitet und die Arbeitsweise erlernt werden.

Die Gestaltung der Meetings kann eine neue Feedback-Kultur unterstützen. Wird der regelmäßige Austausch auf einer vertrauensvollen Basis geführt, kann im Team offen über kritische Punkte gesprochen und Feedback gegeben werden. Für kritische Themen kann die Nutzung von Anschluss-Meetings hilfreich sein. Bei aller Offenheit gibt es durchaus Punkte, die eher einen begrenzten Teilnehmerkreis betreffen.

Es kann eine positive Fehlerkultur entstehen. Die vielzitierte Möglichkeit, aus Fehlern zu lernen, findet oft Zustimmung. *Wer keine Fehler macht, macht nichts, lernt nichts oder beides.* Die Verankerung in der Praxis weicht aber dann doch oft ab. Der Umgang mit Fehlern ist von Kindertagen an trainiert und benötigt viele positive Erfahrungen für eine Veränderung. Letztendlich steht auch die Qualität mit hoher Priorität im Ziel-System.

Die Förderung der Werte ist eine Aufgabe des gesamten Teams. Eine entscheidende Rolle nimmt aber die Führung ein. Die Führung muss die neuen Werte nicht nur akzeptieren, sondern aktiv vorleben. Nur wenn dies geschieht, kann eine positive Entwicklung einsetzten. Es gibt wenig Schlimmeres als Werte, die erarbeitet wurden und dann von der Führung selbst nicht geachtet werden.

Auch in einem sorgfältig eingeführten KANBAN-System entstehen Konflikte. Diese gehören zur Interaktion und können auch durchaus nutzenstiftend sein. Konflikte können dabei in unterschiedlichen Bereichen entstehen und benötigen eine sorgfältige und verständnisvolle Vorgehensweise. Eine Grundregel von Jeff Bezos ist auch für die Nutzung von KANBAN und die damit verbunden Werte hilfreich: *„Go for quick escalation."*[178] Es mag wie ein Widerspruch klingen, aber gerade mit dem Versuch der guten Zusammenarbeit wird oftmals der Konflikt gescheut und eine Eskalation gemieden. Dabei ist es gerade die schnelle Eskalation der entscheiden Themen, die eine wirkliche Besserung bringt.

178 Jeffrey Bezos, *Amazon: Letter to Shareholders 2016*, S. 4, https://ir.aboutamazon.com/annual-reports/, zuletzt aufgerufen im Februar 2021.

6.5.2. KANBAN weiterentwickeln

Der Philosophie und insbesondere der fünften Kerneigenschaft von KANBAN entsprechend („Verwende Modelle, um Chancen für Verbesserungen zu erkennen.")[179] gehört die kontinuierliche Verbesserung zum Einsatz von KANBAN.

Das Angebot an Werkzeugen, um Verbesserungen zu erkennen und KANBAN weiterzuentwickeln, ist dabei umfangreich. Die ausgewählte Methode muss dabei zum Einsatz von KANBAN passen.

Lean Management und Six Sigma sind erfolgreich und wunderbar umfangreiche Methoden. Diese benötigen aber auch eine umfassende Kenntnis und Erfahrungen im Team, um diese einsetzen zu können. Dies kann für langlaufende Projekte und strukturierte Prozesse eine passende Vorgehensweise bilden, in vielen Fällen ist der Einsatz zunächst überdimensioniert. Dies kann mit der Anschaffung eines kompletten Werkzeugkoffers verglichen werden, nur um einen Nagel in die Wand zu hämmern.

Die Weiterentwicklung und der Einsatz der Methoden und Werkzeuge lässt sich in mehrere Phasen gliedern. In der ersten Phase, der Anfang der Nutzung, ergibt sich die Identifikation von Verbesserungsmöglichkeiten aus der täglichen Nutzung. Weitere Analysen sind nicht notwendig. Hier gilt es, die wichtigsten „Fehler" zu identifizieren und Lösungen zu erarbeiten.

Hier sind Retrospektiven, in denen der Raum für eine systematische Reflexion geschaffen wird, ein wichtiger Rahmen. „Retrospektiven sind das vermutlich am stärksten

---

179 David J. Anderson, *Kanban: Evolutionäres Change Management für IT-Organisationen*, Heidelberg: dpunkt-Verl., 2011, S. 19.

unterschätzte Mittel zur Steigerung der Leistungsfähigkeit eines Teams."[180]

Ist das System etabliert und die offensichtlichen Fehler beseitigt, ist es hilfreich, das System mit einer Reihe von einfachen Werkzeugen systematisch weiterzuentwickeln. Im Vordergrund sollten dabei das Feedback der Kunden, das des Teams und die vorliegenden Kennzahlen stehen. Ein einfacher Werkzeugkasten, aus gebräuchlichen Instrumenten, wird an dieser Stelle kurz vorgestellt. Aus der großen Anzahl an Methoden kann hier nur eine Auswahl bereitgestellt und eine kurze Übersicht gegeben werden. Die Selektion der Modelle sollte auf die Situation angepasst sein, sich auf die spezifische Problemstellung fokussieren und die Kenntnisse und die bisherigen Erfahrungen des Teams berücksichtigen.

Daten-Analyse

Im KANBAN-System werden für die Steuerung eine Reihe von definierten Kennzahlen systematisch erfasst. Diese Daten bilden einen wichtigen Einstieg für die Identifikation von Verbesserungsmöglichkeiten. Hierfür benötigtet es nicht zwingend fortgeschrittene statistische Fähigkeiten, aber eine solide Datenbasis und eine anschauliche Visualisierung.

Die vorliegenden Daten werden im Verlauf analysiert. Hierdurch werden Trends und Tendenzen erkennbar. Daneben können Abweichungen aufgezeigt werden.

Die Daten-Analyse gibt einen faktenbasierten Einstieg in die Betrachtung von Verbesserungsmöglichkeiten. Dane-

---

180 Christoph Mathis, *SAFe das Scaled Agile Framework: Lean und Agile in großen Unternehmen skalieren*. Mit einem Geleitwort von Dean Leffingwell. SAFe 4.5 inside, Heidelberg: dpunkt.verlag, 2018.

ben bilden die Daten dann auch wieder die Grundlage für die Messung des Erfolgs der Entwicklung.

Mitarbeiterzentrierte Prozess-Analyse

Da die Arbeit im KANBAN-System entlang des definierten Prozesses erfolgt. Ist die Prozess-Analyse ein geeignetes Element, um Schwachstellen zu identifizieren, systematisch zu Dokumentieren und Verbesserungen zu erarbeiten. Ausgangspunkt bilden die Prozess-Modelle. Hierbei wird nicht die Detaillierungsebene des KANBAN-Boards, sondern detaillierte Ebenen, ggf. bis auf Tätigkeitsebene herunter, verwendet. Hier bietet sich auch eine visuelle Unterstützung durch ein, Prozess-Diagramm wie z. B. ein BPMN-Diagramm an. Das Team kann dann Schritt für Schritt die einzelnen Aktivitäten durchgehen und Möglichkeiten für Verbesserungen erarbeiten. Einige Verbesserungen sind hierbei meist recht offensichtlich, andere werden erst auf den zweiten Blick erkannt. Um gerade die verborgenen Punkte zu finden, ist es hilfreich, die Prozessanalyse mit einer Potential-Checkliste zu unterstützen. Mit Hilfe der Potential-Checkliste werden zu den einzelnen Prozess-Schritten nochmal neue Fragen gestellt und systematisch dokumentiert.

Der Großteil der eingesetzten Methoden, mit dem Ursprung im letzten Jahrhundert, legt einen starken Fokus der Steigerung der Effizienz. Beachtet man die Entwicklung innerhalb der Zielsetzung einer Organisation sowie die Anforderungen der Mitarbeiter im Rahmen der Wissensarbeit, ist ein angepasstes Vorgehen anzuraten. Die Funktion, wie innerhalb von Wissensarbeit „Wertschöpfung" generiert wird und was eine Verschwendung ist, ist eine grundlegend andere. Beispielsweise können innerhalb von Wartezeiten oder bei einer gemeinsamen Kaffeepause gerade die Lösungen entwickelt werden, die die Arbeit nach vorne bringen.

Ablauf	Anpassung	Beschreibung Potential	Auswirkung Team / Mitarbeiter	Auswirkung Ergebnis / Kunde
Ⓐ Ⓑ Ⓒ Ⓓ				
Ⓐ Ⓑ Ⓒ Ⓓ	Ändern			
Ⓐ Ⓑ Ⓒ Ⓓ	Beschleunigen			
Ⓐ Ⓑ/Ⓒ Ⓓ	Zusammenfassen			
Ⓐ Ⓒ Ⓑ Ⓓ	Umsortieren			
Ⓐ Ⓒ/Ⓑ Ⓓ	Parallelisieren			
Ⓐ Ⓑ̸ Ⓒ Ⓓ	Streichen			
Ⓐ Ⓑ Ⓒ Ⓓ Ⓔ	Ergänzen			
Ⓑ ↑ Ⓐ Ⓒ Ⓓ	Auslagern			

Abbildung 50: Potential Checkliste (Eigene Darstellung)

Innerhalb der mitarbeiterzentrierten Prozess-Analyse steht deshalb nicht die Prozess-Effizienz an erster Stelle, sondern die Perspektive der Mitarbeiter. Das Team verfügt über die Erfahrung einzuschätzen, an welcher Stelle „Verschwendung" vorliegt und wo ggf. noch „mehr" verschwendet werden müsste. Innerhalb der Potential-Checkliste wird die Perspektive der Fragen geändert. In Abbildung 50 ist eine Vorlage für eine Potential-Checkliste für eine mitarbeiterzentrierte Prozess-Analyse dargestellt. Die einzelnen Kategorien können für die Analyse reduziert oder erweitert werden.

Die Fragestellungen gehen vom Team aus und berücksichtigen die Auswirkung auf das Ergebnis und den Kunden. *Welche Tätigkeiten können inhaltlich angepasst werden? Gibt es die Möglichkeit, Tätigkeiten schneller auszuführen oder zu automatisieren? Hilft es der Arbeit, wenn Schritte zusammengefasst werden? Ist die vorgesehene Reihenfolge die beste Lösung? Können Tätigkeiten, bei entsprechender Verfügbarkeit von Ressourcen, parallel ausgeführt werden? Welche Tätigkeiten werden als störend empfunden und stiften keinen ersichtlichen Nutzen? Fehlen Aktivitäten, die die Arbeit unterstützen würden? Könnte die Arbeit besser durch einen anderen Bereich abgedeckt werden?*

Durch diesen Perspektiven-Wechsel wird der Prozess, unter Berücksichtigung der Ergebnisse und Auswirkungen auf die Kunden, auf die Bedürfnisse der Mitarbeiter ausgelegt. Durch den direkten Einbezug wird die Entwicklung als ein gemeinschaftliches Element und nicht als ein Effizienz-Steigerungsprogramm verstanden. Es entsteht eine offene Diskussion über die gezielte Weiterentwicklung und nicht nur über das Verschlanken des Ablaufs.

Engpassorientierte Problem-Analyse

Eines der wesentlichsten Probleme innerhalb des KANBAN-Systems stellt der Engpass dar. Der Engpass ist im Prozess die Stelle, an der es zu einem Stau beim Fluss der Arbeit kommt. Der Engpass bedingt damit die Gesamtleistung des Systems, kann aber auch noch durchaus weitere negative Folgen mit sich bringen. Die Fokussierung auf den Engpass schafft eine klare Priorisierung. Es werden nicht alle auftretenden Probleme diskutiert, sondern die, die in Verbindung mit dem Engpass stehen.

Für Probleme, die auftreten – wie beispielsweise ein Engpass – gibt es meist nicht eine Ursache, sondern ein ganzes Bündel an Einflussfaktoren, die dann auch möglicherweise in einer wechselseitigen Beziehung stehen. Es ist sinnvoll, diese Ursachen systematisch zu erfassen. Für die Erfassung bietet sich ein Ursache-Wirkungsdiagramm an. Ein Ursache-Wirkungsdiagramm ist beispielhaft in Abbildung 51 dargestellt.

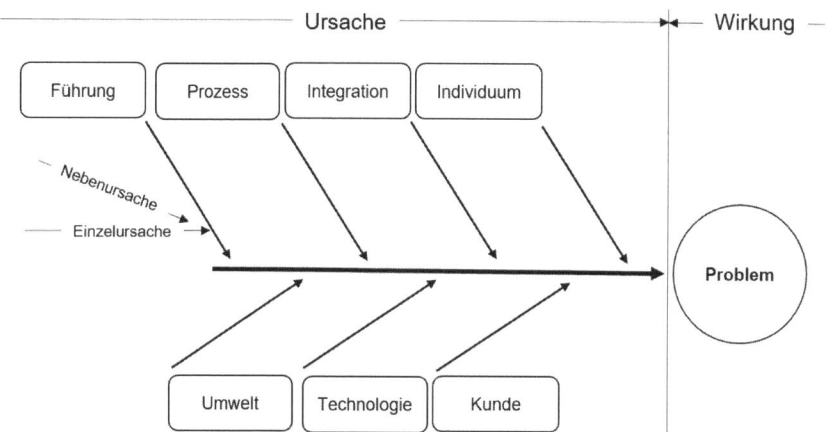

Abbildung 51: Ursache-Wirkungs-Diagramm
(Eigene Darstellung in Anlehnung an Brunner)[181]

Ausgangspunkt bildet die Beschreibung des Problems, also der Engpass-Situationen sowie beispielsweise auftretende Fehler oder Abweichungen bei der Durchlaufzeit. Für das Problem werden dann mögliche Ursachen identifiziert. Kategorien, wie in der Abbildung dargestellt, können dabei helfen, die Ursachen zu systematisieren.

181 Franz J. Brunner, *Japanische Erfolgskonzepte: KAIZEN, KVP, Lean Production Management, Total Productive Maintenance, Shopfloor Management, Toyota Production System, GD3 – Lean Development*, München: Hanser, 2017, S. 22.

6.5.3. Checkliste KANBAN-System

Grundprinzipien		
Wir beginnen dort, wo wir uns im Moment befinden.	*Wir kommen mit den anderen überein, dass inkrementelle, evolutionäre Veränderungen angestrebt werden.*	*Wir respektieren den bestehenden Prozess sowie existierende Rollen, Verantwortlichkeiten und Berufsbezeichnungen.*
✓	✓	✓

Kerneigenschaft	
*Wir **visualisieren** den Fluss der Arbeit.*	✓
*Wir begrenzen den **Work in Progress.***	✓
*Wir führen **Messungen** zum Fluss durch und kontrolliere ihn.*	✓
*Wir machen die **Regeln** für den Prozess explizit.*	✓
*Wir verwenden Modelle, um Chancen für **Verbesserungen** zu erkennen.*	✓

Abbildung 52: Checkliste KANBAN-System
(Eigene Darstellung)

Die Grundprinzipien und Kerneigenschaften können genutzt werden, um das definierte KANBAN-System nochmal von einer neuen Perspektive aus zu betrachten. Dabei können die Grundprinzipien und Kerneigenschaften wie in einer Checkliste durchgegangen werden. In Abbildung 52 ist eine Vorlage für eine Checkliste der Grundprinzipien und Kerneigenschaften dargestellt.

Dies schafft eine gute Wiederholung und Zusammenfassung des Systems und Reflexion dessen, worum es bei KANBAN geht.

Reflexionsfragen Kapitel 6

Frage
Ordnen Sie Ihre aktuelle Tätigkeit möglichst ganzheitlich in eine Aufgabe ein.
Wo ergeben sich die größten Schwierigkeiten bei Ihrem aktuellen Prozess?
Welche Erfahrungen haben Sie mit der Einschätzung der Austauschbarkeit von Ressourcen?
Welche Erfahrungen haben Sie mit der Einplanung von Kapazitäten?
Welche Schwierigkeiten sehen Sie bei der Einführung von WIP-Limits in Ihrem Team?
Können Sie in einem regelmäßigen Rhythmus Ergebnisse liefern?
Wie ist Ihre bisherige Erfahrung im Umgang mit Regelterminen?

Frage
Was ist die Kennzahl, die Ihre tägliche Arbeit am besten beschreibt?
Welcher Wert sollte in Ihrem Team gefördert werden?
Welche Methoden zur Verbesserung haben Sie bisher eingesetzt?

Die Einführung und Nutzung von KANBAN sollte sehr individuell erfolgen. Ich hoffe, ich konnte an dieser Stelle eine erste gute Orientierung schaffen. Erarbeiten Sie auf dieser Basis im Team ein funktionierendes KANBAN-System. Beantworten Sie zielgerichtet die wichtigsten Fragen und starten Sie mit der Nutzung. Die Erfahrung wird dann schnell zeigen, wo Anpassungen notwendig sind. Lassen Sie die Anpassungen zu und fördern Sie nachhaltig die Zusammenarbeit.

7. KANBAN Anwendungs-Szenarien: Einsatzmöglichkeiten kennen

In diesem Kapitel werden die vielfältigen Einsatzmöglichkeiten von KANBAN aufgezeigt. Dies erfolgt auf Basis von Anwendungsszenarien. Die Anwendungsfälle sind gezielt gekürzt und allgemein formuliert, um KANBAN in den Mittelpunkt zu rücken. Die Szenarien dienen exemplarisch zur Veranschaulichung, wie KANBAN eingeführt und eingesetzt werden kann, wie das System aufgesetzt wird und wo Grenzen der Nutzung liegen.

Startpunkt bilden zwei Beispiele für die Nutzung innerhalb von plangetriebenen Projekten. Es mag ein Stück weit wie ein Widerspruch klingen, doch KANBAN lässt sich auch in klassischen, plangetriebenen Projekten einsetzen. Der entscheidende Punkt hierbei ist, die richtigen Punkte für die Schnittstellen des KANBAN-Systems zu setzen. Auf diese Weise können die vielfach bewährten Vorteile von bestehenden Projektmanagement-Methoden und die Vorzüge von KANBAN genutzt werden. Daneben ist natürlich der Grad der Veränderung eingeschränkt und damit fallen mögliche Widerstände deutlich geringer aus.

Betrachtet man sich das erste KANBAN-Grundprinzip („Beginne dort, wo du dich im Moment befindest.") wird erkennbar, dass basierend auf der Ausgangssituation und Analyse auch in einem plangetriebenen Projektumfeld sehr unterschiedliche Anwendungen von KANBAN möglich sind. Deshalb werden für die Veranschaulichung zwei Beispiele genutzt.

Im ersten Fall wird die Nutzung von KANBAN für die Einführung einer Reporting-Lösung dargestellt. Im Beispiel 1 werden seit langen Jahren Projekte erfolgreich durchgeführt. Es gibt einheitliche Projektmanagement-Standards, die sich am PMI orientieren, sowie ein etabliertes Projekt- und Programm-Management. Die Führungskräfte sind im Großen und Ganzen mit der Abwicklung der Projekte zufrieden. Größeren Teile der Mitarbeiter stehen unter einer hohen Belastung und wünschen sich eine höhere Selbstbestimmung.

Im zweiten Fall wird die Einführung des Prozess-Managements mit KANBAN betrachtet. Im Beispiel 2 werden auch irgendwie Projekte durchgeführt, diese ähneln aber eher Arbeitsgruppen. Die Art und Weise unterscheidet sich immer deutlich von Projekt zu Projekt. Die initialen Vorgaben und Planung werden meist schon nach kurzer Zeit über den Haufen geworfen. Die Führung und Mitarbeiter wünschen sich eine Struktur, in der sie gezielt an Themen arbeiten können, ohne in Formalismen oder Drucksituationen zu geraten.

Am nächsten Beispiel wird die Nutzung von KANBAN in einem agilen Umfeld aufgezeigt. Der Einsatz von KANBAN in agilen Projekten kann kontrovers gesehen werden. Die ursprüngliche Entwicklung von KANBAN kommt aus dem Umfeld, Gedankengut und Zeit des agilen Managements. Dementsprechend wird KANBAN auch vielfach als agile Methode angesehen. KANBAN kann als alternativer Weg zur Agilität gesehen werden. Dabei setzt der KANBAN-Begründer Anderson sich klar von SCRUM ab: „Kanban isn't Scrum without Sprints."[182] KANBAN verfolgt eine andere Philosophie als Scrum. Auf der anderen Seite gibt es Diskussionen, ob das Pull-Prinzip, welches in KANBAN eingesetzt wird, mit dem iterativen Vorgehen von z. B. Scrum zu vereinbaren ist. Auch bei dieser Kombination kommt es wieder auf die Schnittstellen und die Auslegung an. Für die Kombination von Scrum und Kanban wurde der Begriff Scrumban geprägt.[183]

Neben der Nutzung von KANBAN innerhalb von Projekten, bietet sich die Nutzung auch durchaus für die Steuerung von Prozessen an. Betrachtet man sich die Vielseitigkeit der Geschäftsprozesse und deren Merkmale, wie in Kapitel 1.3 beschrieben, wird deutlich, dass der Einsatz von KANBAN sich insbesondere für zwei Kategorien eignet. Dies sind die Prozesse, die eine geringere Struktur und Wiederholung aufweisen. Bei diesen Prozessen handelt es sich um die Abläufe, die nur eingeschränkt sinnvoll mit IT automatisiert werden können. Aufgrund des Wertbeitrags sind dies insbesondere kollaborative Prozesse, die im Fokus stehen. Aber auch Ad-hoc-Prozesse können für eine Betrachtung durchaus interessant sein. Die Abbildung von KANBAN in einem kollaborativen Prozess wird anhand der Budget-Planung veranschaulicht. Als Ad-hoc-Prozess wird das Krisen-Management innerhalb der Lieferkette beschrieben.

182 David J. Anderson, *Scrumsplaining #1: Kanban is Scrum Without Sprints*, 2016, https://djaa.com/scrumsplaining-1-kanban-is-scrum-without-sprints/, zuletzt aufgerufen im Februar 2021.

183 Mike Burrows, Florian Eisenberg & Wolfgang Wiedenroth, *Kanban: Verstehen, einführen, anwenden*, 1. Auflage Heidelberg: dpunkt.verlag, 2015, S. 148.

7.1. Anwendung 1: KANBAN in ausgeprägter Projektstruktur

Die ergänzende Nutzung von KANBAN in einer ausgeprägten Projektstruktur wirkt widersprüchlich. Letztendlich kann dies aber eine sinnvolle Kombination bilden, in der die Stärken der beiden Ansätze gezielt ergänzt werden. Der erste Anwendungsfall zeigt den Einsatz von KANBAN am Beispiel der Einführung einer Reporting-Lösung.

Ausgangssituation
Reporting-Lösungen werden in vielen Stellen in der Organisation eingesetzt, um verdichtete Informationen zu den betrieblichen Abläufen zu erhalten. Für den Aufbau von Reporting-Lösungen werden meist dafür vorgesehene Standard-Tools eingesetzt. Der Aufbau einer solchen Lösung lässt sich vereinfacht in zwei Teile gliedern. Der erste Teil bildet das Daten-Modell. Die im Quell-System oder in Quell-Systemen vorliegenden Daten werden extrahiert und in das Data-Modell zur Aufbereitung und Speicherung der Daten geladen. Die Daten des Daten-Models, stehen dann für die Auswertung innerhalb von Berichten in unterschiedlichen Formen zur Verfügung. Der erste Teil, das Daten-Modell, mit der Definition der Datenherkunft und Umwandlung, bleibt dabei dem Anwender meist im Verborgenen. Der Anwender sieht das Ergebnis in Form der fertigen Kennzahlen in Berichten. Auf dieser Ebene werden auch die Anforderungen definiert.
Da es sich auch bei einer Reporting-Lösung die IT im Vordergrund steht, orientiert sich die Vorgehensweise am in

Kapitel 2.2 vorgestellten Wasserfall-Modell. Nach der business-seitigen Konzeption in der Analyse-, Konzept- und Design-Phase erfolgt die technische Umsetzung in Implementierungs- und Test-Phase bis zum Go-Live. Für Abweichungen von den Vorgaben ist ein Change Request-Verfahren vorgesehen. Dieser Zusammenhang ist in Abbildung 53 zusammengefasst.

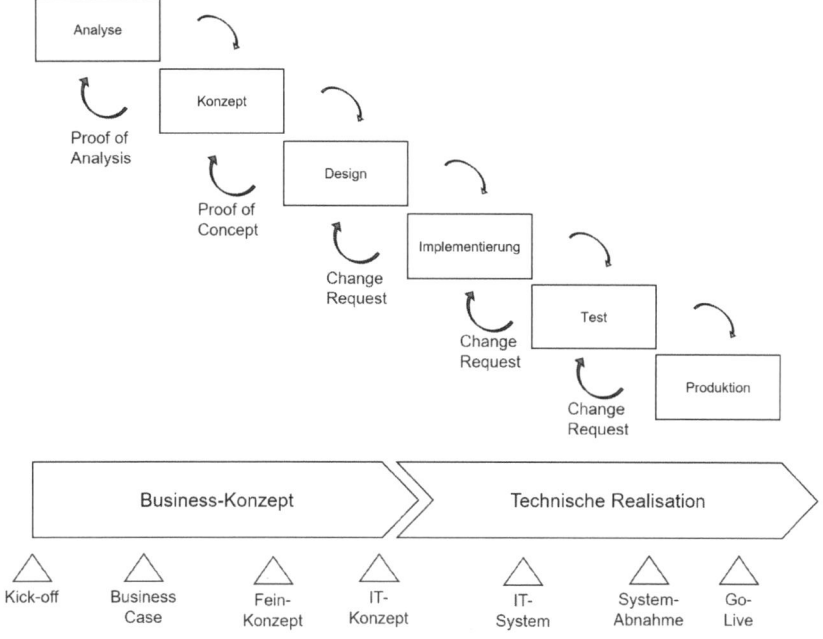

Abbildung 53: Vorgehen Einführung Reporting-Lösung
(Eigene Darstellung in Anlehnung an Knöll, Schulz-Sachrow & Zimpel) [184]

184 Heinz-Dieter Knöll, Christoph Schulz-Sacharow & Michael Zimpel, *Unternehmensführung mit SAP BI: Die Grundlagen für eine erfolgreiche Umsetzung von Business Intelligence – Mit Vorgehensmodell und Fallbeispiel*, 1. Auflage Wiesbaden: Vieweg+Teubner Verlag, 2006.

Für den Übergang zwischen den Phasen sind Meilensteine definiert. Das Projekt wird von einem Projektmanagement durchgehend begleitet.

Der Projektmanagement-Ansatz orientiert sich am PMI. Für das Projekt wird eine zertifizierter PMI-Projektmanager eingesetzt. Die Umsetzung erfolgt durch ein Team von externen Beratern. Der Lenkungsausschuss des Projektes setzt sich zusammen aus den Abteilungsleitern der betroffenen Abteilungen aus dem Business und der IT sowie einem verantwortlichen des Beratungsunternehmens.

Aufgabe zerlegen

Die Aufgaben des Projektes sind vielseitig und unterscheiden sich stark nach den Projektphasen. In der Analyse-, Konzept- und Design-Phase werden die konzeptionellen Inhalte in Workshops und Interviews erarbeitet und in den vorgesehenen Dokumenten festgehalten. Parallel müssen schon erste Schritte bei der Bereitstellung der benötigten Infrastruktur durchgeführt werden. In der Implementierungsphase erfolgt die Umsetzung des Daten-Modells und der Berichte. In der Test-Phase werden die Test-Pläne erstellt und die Tests durchgeführt, um dann mit der Produktiv-Setzung, mit dem Aufbau des Systems und der Beladung der Daten das System zu schulen und zu nutzen.

Das Ergebnis des Projektes sind Informationen, die in Form von Berichten zur Verfügung gestellt werden. Die Berichte lassen sich in die unterschiedlichen Bereiche gliedern. Jedem der Bereiche liegt ein entsprechender Daten-Strang vom Quell-System bis zum Bericht, als Teil des Gesamt-Datenmodells, zugrunde. Die einzelnen Daten-Stränge lassen sich weiter untergliedern nach Daten-Quellen, Extraktion, Transformation, Beladung, Report und Berechtigung. Abbildung 54 zeigt vereinfacht die Kernelemente einer Data Warehouse-Architektur. Diese Elemente bilden die Grundlage für den Aufbau der Berichte.

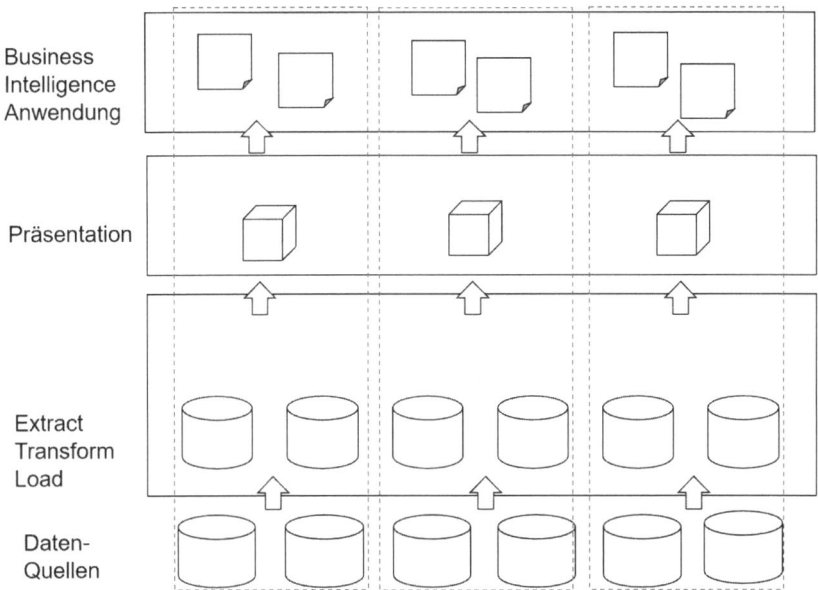

Abbildung 54: Kernelemente einer Data Warehouse-Architektur (Eigene Darstellung in Anlehnung an Kimball)[185]

Daneben gibt es eine Reihe von übergeordneten Themen, wie zentrale Stammdaten oder das Berechtigungskonzept, die für alle Bereiche genutzt werden.
Da KANBAN nur für die Steuerung der Aufgaben innerhalb des Berater-Teams genutzt wird, werden die Aufgaben des Projekts-Managements, die Schulung und die Kommunikation im KANBAN-System nicht abgebildet.

185 Ralph Kimball & Margy Ross, *The data warehouse toolkit: The definitive guide to dimensional modeling*, 2013, Indianapolis: John Wiley & Sons, S. 19.

Diese sind Teil der übergreifenden Projekt-Steuerung durch den Projektleiter.

Prozess definieren

Der Hauptprozess bei der Erstellung der Lösung ergibt sich aus der wasserfall-orientierten Vorgehensweise. Hierbei sind die Schritte: analysieren, konzipieren designen, implementieren, testen und produktiv setzten. Der Ablauf ist nah an einem Software-Entwicklungsprozess.

Die Einteilung ist bewusst entsprechend der Projektphasen definiert. Hierdurch wird eine einheitliche Sprache zwischen den Beteiligten ermöglicht.

Board gestalten

Das KANBAN-Board wird auf Basis des Prozesses festgelegt – auch wenn, aufgrund der phasenweisen Bearbeitung und Dauer der Phasen, der Fortschritt von Anfang bis Ende schubartig erfolgt. Durch die Verwendung der Phasen wird eine einheitliche Darstellung ermöglicht und ein gemeinsames Verständnis geschaffen.

Die definierten Arbeitspakete mit den geplanten Terminen werden als Karten übernommen. Die grob definierten Pakete werden dann durch das Team in kleinere Arbeitseinheiten heruntergebrochen.

Die Arbeitseinheiten werden nach den beinhalteten Daten-Strängen aufgeteilt. Diese werden auf den Lanes des Boards dargestellt.

Zusätzliche Anforderungen, die in Form von Change Request abgebildet werden, werden in die entsprechenden Lane aufgenommen. Allerdings werden diese mit blauen Karten hervorgehoben.

Da für das Team kein fester Meeting-Raum mit White-Board zu Verfügung steht und einige Kollegen nicht durchgehend für das Projekt arbeiten, wird ein elektronisches Board verwendet. Dadurch haben alle Team-Mitglieder sowie auch der Projekt-Leiter jederzeit Einblick in die aktuelle Entwicklung.

WIP limitieren

Unabhängig von den Terminvorgaben durch die Projekt-Planung, z. B. mit festgelegten Terminen zu Abschluss einer Phase, verfolgt das Team die Zielsetzung, möglichst schnell Zwischenergebnisse bereitzustellen, um diese mit den Kunden abzustimmen. Hierfür sollen zunächst die übergreifenden Aufgaben bearbeitet werden. Dann wird am Daten-Modell strangweise gearbeitet. Aus vorangegangenen Projekten kennt das Team die Schwierigkeiten, die entstehen, wenn die Anwender erst zum finalen Test-Termin das System kennenlernen.

Für übergreifende Fragestellung wird der WIP nicht limitiert. Diese sollen so schnell wie möglich bearbeitet werden, um die Ergebnisse zu nutzen. Für die Datenstränge wird das WIP-Limit auf 1 gesetzt. Dieses strenge WIP Limit soll dabei helfen, schnell Ergebnisse bereitzustellen, kritische Punkte direkt zu bearbeiten und bei Bedarf im Team zu lösen und unbeliebte Aktivitäten nicht zu verschieben. Das Team vereinbart, dass eine Überschreitung des Limits nach gemeinsamer Abstimmung im täglichen Meeting möglich ist.

Meetings strukturieren

KANBAN wird schwerpunktmäßig innerhalb des Projekt-Teams zur Abstimmung der vorliegenden Tätigkeiten genutzt. Da das Team nicht jeden Tag vollständig vor Ort ist, wurde das tägliche Meeting angepasst. Dieses wird nur montags bis donnerstags durchgeführt. Aufgrund der Anreise findet das Meeting montags erst später statt.

Neben dem täglichen Meeting wird zusätzlich ein wöchentliches Meeting mit dem Projektleiter durchgeführt. In diesem Meeting vermittelt das Team dem Projektleiter einen detaillierten Einblick in den Stand des Projektes. Dieses Meeting bildet die Basis für die Status-Berichterstattung des Projektleiters.

Das Meeting des Lenkungsausschusses ist zum jeweiligen Phasenübergang angesetzt. Durch den Projektleiter können bei Bedarf zusätzliche Sitzungen einberufen werden. Inhalt des Meetings ist – neben der Statusberichterstattung und Betrachtung des Fortschritts des Projektes – die Genehmigung von Change Requests.

Rhythmus festlegen

Innerhalb eines plangetriebenen Projektes ergibt sich der Rhythmus für Input und Output aus der vorhergegangenen Planung. Die Inhalte, Termine und Ressourcen sind vorgegeben.

Bedingt durch den Einsatz des Change Request-Verfahrens können Anforderungen geändert oder neue Anforderungen aufgenommen werden. Für den Change Request wurden zwei Verfahren vereinbart. Standardmäßig werden Anträge innerhalb der Sitzungen des Lenkungsausschusses durch den Projektleiter vorgestellt und vom Lenkungsausschuss geprüft und freigegeben. Dringende Change Requests, die eine wesentlichen Einfluss auf die weitere Entwicklung haben, können direkt zur Prüfung und Freigabe vorgelegt werden.

Steuerung gestalten

Die Steuerung erfolgt auf Ebene des Gesamt-Projektes durch die Messung der Größen Zeit, Inhalt und Budget. Hier können die in der Organisation etablierten Verfahren angewendet werden. Der Projektleiter berichtet den Status auf dieser Basis im Lenkungsausschuss-Meeting.

Team-intern sind keine Kennzahlen definiert. Das Team arbeitet eng zusammen und hat damit einen guten Überblick über den Stand.

Nutzen

Durch die Ergänzung des klassischen Projektmanagements durch KANBAN können die Interessen der unterschiedlichen Projekt-Akteure abgedeckt werden.

Das Programm-Management und der Lenkungsausschuss erhalten die gewohnten Informationen, die für die Steuerung notwendig sind. Hier werden standardisierte, einfache Berichte benötigt, die bei der Vielzahl an Projekten einen schnellen Einblick ermöglichen.

Das Projekt-Team hat die Möglichkeit, die einzelnen Aktivitäten abzustimmen und strukturiert zu steuern. Die Steuerung findet dabei auf der wirklichen Arbeitsebene statt. Der Aufwand für zusätzliches Reporting sowie Aufwands- und Abarbeitungsschätzungen entfällt. Die vielfach eingesetzte „Schattenplanung" auf Detailebene mit parallellaufenden Aktivitäten-Liste wird nicht benötigt. Das Team hat einen klaren Blick auf die Aufgaben und kann diese durch den begrenzten WIP im eigenen Tempo abarbeiten.

Der Projektleiter fungiert als Bindeglied zwischen den Ebenen. Die Verbindung zwischen den Elementen des Projektplans und KANBAN stellt die termingerechte Fertigstellung und Einhaltung der Ressourcen sicher.

7.2. Anwendung 2: KANBAN in schwacher Projektstruktur

In einer schwachen Projektstruktur bestehen nur bedingt Vorgaben und Erfahrungen, wie Projekte gestaltet werden. Dies hat in den meisten Fällen auch einen guten Grund und hängt ein Stück weit von der Reife der Organisation ab, aber auch von der Kultur. Die Flexibilität von KANBAN ermöglicht es, in einem solchen Umfeld Strukturen zu schaffen, ohne einen starren Projektmanagement-Ansatz zu verfolgen.

Ausgangssituation

Die Anwendung von KANBAN in einer schwachen, wenig ausgeprägten Projektstruktur wird im zweiten Beispiel anhand der Einführung des Prozess-Managements dargestellt. Wie aus Kapitel 2.5 hervorgegangen ist, ist die Einführung des Prozess-Managements kein kurzfristiges Unterfangen, sondern muss koordiniert in einem Projekt erfolgen. Die Einführung lässt sich dabei in zwei Hauptteile fassen. Der erste Teil umfasst den Aufbau der Organisation des Prozess-Managements. Dies beinhaltet u.a. die Festlegung der generellen Ausrichtung, der Architektur, der Rollen, der Regeln für die Modellierung und die Dokumentation. Der zweite Teil hat den Aufbau des Prozess-Modells zum Inhalt und damit die Modellierung der einzelnen Prozesse der Organisation.

Das Unternehmen hat keinen etablierten Projektmanagement-Ansatz. Die Gestaltung des Ansatzes und eingesetzter Tools erfolgt in Abstimmung zwischen dem Lenkungskreis, dem Projekt-Koordinator und dem Projekt-Team. Dabei greifen die Beteiligten auf Werkzeuge zurück, deren Anwendung sich nach ihrer Erfahrung bewährt haben.

Für die Freigabe des Projektes wird ein Projekt-Antrag erstellt und dem Management zur Freigabe vorgelegt. Die Steuerung erfolgt durch einen Lenkungskreis, der sich aus den unterschiedlichen Interessengruppen zusammensetzt. Für die Durchführung des Projekts wird ein Projekt-Koordinator sowie Ressourcen aus der Organisation benannt. Neben der Planung liegt die Aufgabe des Projekt-Koordinators hauptsächlich im Management der Stakeholder und Risiken. Für die Projekt-Arbeit sind die Ressourcen teilweise von ihren bestehenden Tätigkeiten freigestellt.

Für die initiale Planung werden klassische Methoden angewendet. Zunächst werden die Anforderungen an das Projekt gesammelt und die erforderlichen Arbeitspakete definiert. Die Definition der Arbeitspakete und Termine erfolgt sehr grob. Auf Basis der groben Planung werden Projekt-Phasen definiert. Die Projektphasen enden mit einem definierten Meilenstein und einer Sitzung des Lenkungskreises. Schwerpunkt der ersten Projekt-Phase ist der Aufbau der wesentlichen Elemente der Prozess-Management-Organisation, die als Grundlage für den Ausbau des Prozess-Modells dienen. In den folgenden Phasen wird die Organisation weiterentwickelt und schrittweise das Prozess-Modell aufgebaut.

Aufgaben zerlegen

Die Aufgaben innerhalb des Projektes sind vielfältig. Ausgehend von den zwei Hauptteilen, dem Aufbau der Organisation des Prozess-Managements sowie des Prozess-Modells, lassen sich diese weiter herunterbrechen.

Die Organisation setzt sich grundlegend zusammen aus der Prozess-Architektur, dem Rollen-Modell, den Regeln und Richtlinien für die Prozessmodellierung sowie den eingesetzten Werkzeugen. So unterschiedlich die Elemente sind und so vielfältig die damit verbundenen Aufgaben sind, das Ergebnis sind alles Konzepte und Regeln, die in Dokumenten gepflegt und dann im Unternehmen kommuniziert und angewendet werden.

Die Prozess-Management-Organisation dient dazu, ein einheitliches Prozess-Modell aufzubauen und weiterzuentwickeln. Das Prozess-Modell besteht aus Prozessen, Teil-Prozessen und dazugehörigen Informationen und Dokumenten. Die Aufgabe besteht darin, diese Prozess-Dokumentation zu erstellen. Auch wenn die Prozess-Dokumentation über alle Prozesse durchgängig sein sollte, ergeben sich bei den Aufgaben deutliche Unterschiede. Es gibt Prozess mit vielen Schritten, Beteiligten, Schnittstellen und Varianten und aber auch sehr einfache gradlinige Prozesse. Entsprechend unterschiedlich fallen die Dauer und der Aufwand für die Modellierung aus. Um dies zu berücksichtigen, wird – auf Basis von einfachen Regeln – eine grobe Einteilung der Prozesse in groß, normal und klein vorgenommen.

Eine Besonderheit innerhalb der Prozess-Management-Organisation bildet die Abbildung des IT-Systems. Die Entwicklung des IT-Systems, welches für die Modellierung und Dokumentation der Prozess verwendet wird, ist im Ergebnis nicht nur ein Dokument. Dementsprechend ergeben sich hierfür andere Aufgaben-Typen und eine andere Vorgehensweise. Diese erfolgt in einem entsprechenden IT-Implementierung-Prozess und wird an dieser Stelle nicht weiter vertieft.

Prozess definieren

Inhalt der ersten Projekt-Phase ist auch die Festlegung der Prozesse sowie Anpassungen an der Prozess-Management-Organisation und wie bei der Aufnahme und Modellierung von Prozessen vorgegangen wird. Hierfür werden Prozess-Modelle in BPMN entwickelt, die den grundlegenden Ablauf zusammenfassen. Daneben wurde ein übergreifendes Rollen-Modell für das Prozess-Management definiert.

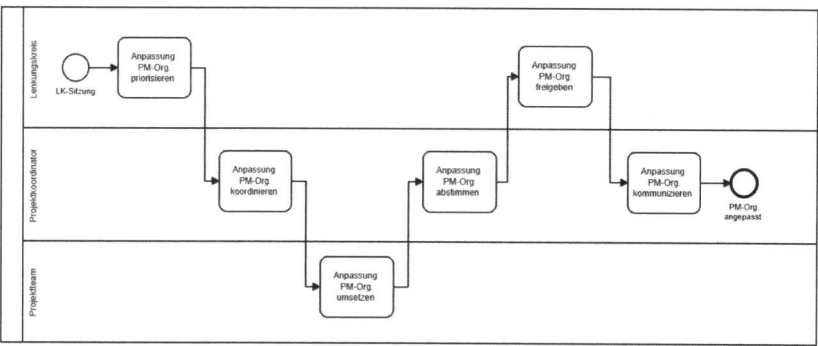

Abbildung 55: Anpassung PM-Organisation
(Eigene Darstellung)

Anpassungen an der Prozess-Management-Organisation werden auf Anforderung des Lenkungskreises des Projektes durchgeführt. Der Projekt-Koordinator koordiniert die unterschiedlichen Anforderungen, damit das Projekt-Team diese zielgerichtet umsetzen kann. Die Abstimmung der Anpassung mit den beteiligten Interessengruppen erfolgt durch den Projekt-Koordinator. Nach erfolgreicher Abstimmung legt dieser die Anpassung dem Lenkungskreis zur Freigabe vor. Nach erfolgreicher Freigabe kommuniziert der Projekt-Koordinator die Anpassung innerhalb der Organisation. Der Prozess der Anpassung der Prozess-Management-Organisation ist in Abbildung 55 dargestellt.

Auch die Aufnahme von Prozessen startet auf Basis der Priorisierung durch den Lenkungskreis in der Lenkungskreis-Sitzung. Der Projekt-Koordinator übernimmt auch in diesem Fall die Koordination der Umsetzung. Dabei sind neben dem Projekt-Team, welches die Aufnahme durchführt, insbesondere der Prozess-Eigner und Prozess-Beteiligte zu berücksichtigen. Der Koordinator übernimmt auch in enger Zusammenarbeit mit dem Prozess-Team die Abstimmung der Prozess-Dokumentation. Diese wird dem Prozess-Eigner zur Freigabe vorgelegt. Nach erfolgreicher Freigabe erfolgt die Kommunikation des Prozesses. Der Prozess ist in Abbildung 56 zusammengefasst.

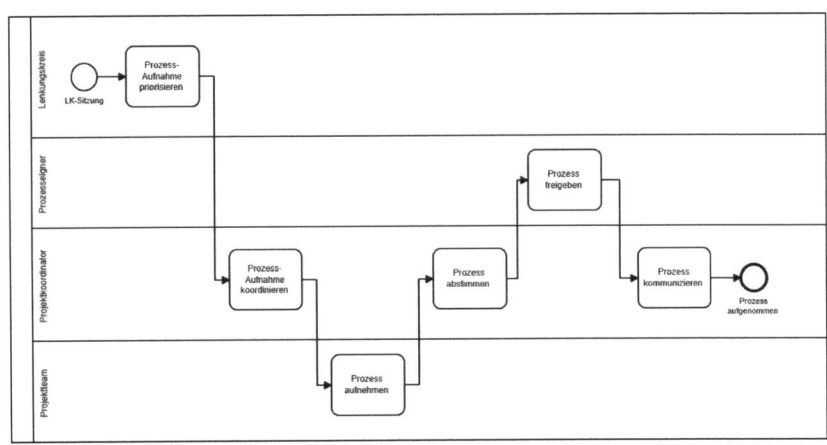

Abbildung 56: Prozess aufnehmen (Eigene Darstellung)

Die Darstellung von beiden Prozessen scheint auf den ersten Blick recht gradlinig und auch generisch. Doch genau diese Ebene bildet eine sinnvolle Darstellung. Der Prozess soll allgemeingültig sein und nicht alle Möglichkeiten und

Besonderheiten beinhalten und daneben den Prozess ab-
bilden, wie er ist – mit den dominanten Aktivitäten unter
Berücksichtigung der Beteiligten. Wie in jedem Prozess-
Modell ist auch hier die zeitliche Intensität der einzelnen
Prozessschritte recht unterschiedlich. Erfolgt die Priorisierung letztendlich in einem Meeting, streckt sich die Umsetzung und Abstimmung ggf. über mehrere Wochen hin.
Grundlegende Fragestellung bei der Gestaltung des KAN-
BAN-Boards ist, ob die beiden Prozesse in einem oder in
zwei Boards abgebildet werden. Beide Vorgehensweisen
wären möglich und würden Vor- und Nachteile mit sich
bringen. Die Darstellung in zwei Boards würde eine exak-
tere Abbildung der Prozesse ermöglichen. Aus bestimmten Perspektiven wäre diese auch übersichtlicher.

Board gestalten

Grundlegende Fragestellung bei der Gestaltung des KAN-
BAN-Boards ist, ob die beiden Prozesse in einem oder in
zwei Boards abgebildet werden. Beide Vorgehensweisen
wären möglich und würden Vor- und Nachteile mit sich
bringen. Die Darstellung in zwei Boards würde eine exak-
tere Abbildung der Prozesse ermöglichen. Aus bestimmten Perspektiven wäre diese auch übersichtlicher.
Da die Deckung zwischen den Prozessen aber recht hoch
ist und das Team an beiden Aufgaben-Typen parallel arbeitet, ist die Darstellung in einem Board vorteilhafter.
Im Board wird der Prozess ein wenig verallgemeinert. Dieser besteht dann aus den Schritten Priorisierung, Koordination, Umsetzung, Abstimmung, Freigabe und Kommunikation. Die beiden Aufgaben-Typen (Prozess-Management-Organisation und Prozess-Modell) werden in den
Lanes dargestellt. Die Input-Queue für die Prozess-Ma-

nagement-Organisation wird initial auf Basis der groben Projekt-Planung befüllt. In der Input-Queue für das Prozess-Modell werden die identifizierten Prozesse dargestellt. Das Board ist in Abbildung 57 dargestellt.

Da die einzelnen Aufgaben wie z. B. die Erstellung des Rollen-Konzeptes oder die Modellierung von einem Prozess recht groß sind und das Board für die Steuerung der Aktivitäten des Teams genutzt wird, wird mit Karten in zwei Ebenen gearbeitet. Die Haupt-Karte beinhaltet die Aufgabe. Zu dieser Hauptkarte werden dann – wie bei einer Mutter-Kind-Beziehung – weitere Aktivitäten hinzugefügt. Dies ist insbesondere bei den zeitintensiveren Schritten der Umsetzung und Abstimmung hilfreich.

Input Queue	Priorisierung		Koordination		Umsetzung		Abstimmung		Freigabe		Kommunikation		Produktiv
	In Arbeit	fertig	In Arbeit	fertig	In Arbeit	fertig	In Arbeit	fertig	In Arbeit	fertig	In Arbeit	fertig	
Prozess-Management-Organisation													
Prozess-Modell													

Abbildung 57: KANBAN-Board: Einführung Prozess-Management (Eigene Darstellung)

Als Board wird ein White-Board im Projekt-Büro genutzt. Die Team-Mitglieder passen den Stand spätestens vor dem wöchentlichen Meeting an. Im Nachgang zum Meeting wird ein Foto mit dem aktuellen Stand des

Boards sowie einem Kurzprotokoll im Dokumenten-System abgelegt. Auf den Stand können die Team-Mitglieder und die Mitglieder des Lenkungskreises zugreifen.

WIP limitieren

In der Konstellation des Projektes kommt den WIP-Limits eine besondere Funktion zu. Die Mitglieder des Projekt-Teams arbeiten nicht durchgängig am Projekt, sondern können nur einen Teil ihrer Arbeitszeit dafür aufbringen. Der Projektarbeit wird dabei vielfach eine geringere Priorität eingeräumt. Dem folgend liegt in jedem Fall schon eine Multi-Tasking-Situation vor. Zusätzlich werden innerhalb des Projektes die PM-Organisation und das Prozess-Modell erarbeitet. Keine oder zu hohe WIP-Limits würden zu einer deutlich zu hohen Durchlaufzeit führen und Aufgaben würden angefangen, aber nicht fertiggestellt werden. Der Fokus der WIP-Limitierung liegt in den zeitintensiven Hauptschritten der Umsetzung und Abstimmung. Es sollen nicht mehr als drei Prozesse zeitgleich bearbeitet werden. Erst nach erfolgter Freigabe darf mit einer neuen Umsetzung gestartet werden.
Mögliche „freie" Zeiten werden für die Weiterentwicklung der Prozess-Management-Organisation verwendet.

Meetings strukturieren

Da das Projekt-Team nicht in „Vollzeit" am Projekt arbeitet und auch nicht „vor Ort" ist, ist ein tägliches Meeting schwierig zu realisieren. Dies entspricht auch nicht der Größe der Aufgaben, dem Arbeitstempo und dem Fertigstellungs-Rhythmus. Länge und Anzahl der Meetings müssen sich im Einklang mit der „echten" Projektarbeitszeit befinden. In der Konstellation (Projekt neben Haupttätigkeit) sollen die Ressourcen nicht durch die Teilnahme an langen Jour fixe-Runden gebunden werden.

Unter diesen Rahmenbedingungen wird ein wöchentliches Meeting angesetzt. Trotz der geringeren Frequenz erfolgt das Meeting strukturiert und unter Berücksichtigung der vorgegebenen Zeit. Es wird auf 15 Minuten angesetzt.

Den Rahmen für detaillierte Abstimmungen, die in vielen Fällen notwendig und wichtig sind, bieten zielorientierte Anschluss-Meetings. Diese erfolgen, je nach Fragestellung, sowohl mit dem gesamten Team als auch in kleinen Gruppen. Hierdurch wird die unnötige Bindung von Ressourcen in Meetings eingeschränkt.

Rhythmus festlegen

Dem Prozess folgend ergibt sich der Rhythmus für den Input aus den Sitzungen des Lenkungskreises. Im Lenkungskreis wird entschieden, welche Anpassung an der PM-Organisation oder am Prozess-Modell erfolgen sollen.

Den agilen Ansätzen folgend sollen Ergebnisse möglichst frühzeitig genutzt werden können. Dem folgend wird für die Kommunikation und die Produktiv-Setzung von Prozessen nicht auf einen Termin mit dem Lenkungskreis gewartet, sondern diese können im Anschluss an die Freigabe durch den Prozesseigner erfolgen.

Steuerung gestalten

Vom Lenkungskreis wird ein besonderer Fokus auf die Bereitstellung der Prozesse und die Freigabe gelegt. Kritischer Punkt ist hierbei insbesondere die Abstimmung, bei der mehrere Beteiligte involviert sind. Um hierauf einen besonderen Fokus zu setzen, wird die Dauer der Abstimmung gesondert gemessen und dem Lenkungsausschuss berichtet. Kritische Punkte können auf diese Weise gezielt bearbeitet werden.

Nutzen

Durch die Nutzung von KANBAN wird für das Projekt eine grundlegende Struktur geschaffen. Diese schafft für das Projekt-Team und den Lenkungskreis einen Rahmen für die Zusammenarbeit. Die Flexibilität bei der Umsetzung sorgt für eine hohe Akzeptanz, trotz anfänglicher Skepsis. Diese wird besonders durch die Bereitstellung von hochwertigen Ergebnissen reduziert.

Durch die Limitierung des WIP hat das Team, das nur „nebenbei" an dem Projekt arbeitet, die Möglichkeit, Ergebnisse zu liefern. Dabei werden unnötige Drucksituationen, wie die Bereitstellung von Ergebnissen zur nächsten Sitzung des Lenkungsausschusses, reduziert.

Durch klare Meeting-Strukturen und restriktive Terminierung wird der Anteil in Meetings reduziert. Das Team hat mehr Zeit für fokussierte Abstimmungen und die Arbeit.

Mit Hilfe des KANBAN-Boards wird der Fortschritt transparent und Aufgaben können besser verteilt werden. Dadurch entsteht eine zielgerichtete Zusammenarbeit.

7.3. Anwendung 3: KANBAN im agilen Umfeld

Vorteil des Einsatzes von KANBAN im agilen Umfeld ist, dass die Denkweisen und das Grundverständnis auf einer Basis beruhen. In Kombination mit Scrum kann KANBAN insbesondere bei der Visualisierung helfen. Daneben können die starken Veränderungen, die die Einführung von Scrum mit sich bringt, durch die Kombination mit KANBAN gesenkt werden.

Ausgangssituation

Der Einsatz von KANBAN in Kombination mit agilen Ansätzen wird anhand der Prozess-Entwicklung eines Bereiches aufgezeigt. Im Rahmen einer Prozess-Aufnahme und Analyse wurde eine Reihe von Schwachstellen und auch schon mögliche Verbesserungspotentiale identifiziert. Diese werden gezielt bearbeitet. Dabei erfolgt die Bearbeitung der Punkte durch das Team. Für die Bearbeitung wird das Ende des Jahres als Zieltermin gesetzt.

Bisher hat der Bereich Verbesserungen, die neben dem Tagesgeschäft erfolgen, ohne eine weitere Struktur mit einer einfachen Liste abgebildet. Der ausgefeilte Projektmanagement-Ansatz der Organisation wird für diese Initiativen als überdimensioniert eingestuft.

Ausgehend von der Erfahrung eines anderen Bereichs der Organisation möchte der Team-Leiter einen agilen Ansatz ausprobieren. Hierbei werden Elemente von Scrum eingesetzt. Der Team-Leiter nimmt die Rolle des Kunden und Product Owners ein. Als Scrum-Master wurde ein engagiertes Team-Mitglied durch den Team-Leiter definiert.

Ausgangspunkt bilden die bereits identifizierten Maßnahmen. Diese werden innerhalb des Product Backlogs aufgeführt. Dies ermöglicht eine Übersicht des Arbeitsvorrats – ohne eine detaillierte Planung und Berücksichtigung geänderter Prioritäten.

Aus dem Backlog wählt das Team für die Bearbeitung Elemente aus. Die Bearbeitung erfolgt in Sprints. Die Sprint-Dauer ist mit vier Wochen angesetzt. Die ausgewählten Elemente des Backlog werden in einem Sprint-Meeting besprochen, einzelne Aktivitäten identifiziert und auf das Team verteilt. Aufgrund der Verfügbarkeit des Teams und der zusätzlichen Arbeit neben dem Tagesgeschäft findet das Team-Meeting nur wöchentlich statt.

Auch aus diesem Grund wird KANBAN für die Visualisierung eingesetzt. Daneben gab es bei vorangegangenen, ähnlichen Initiativen Probleme mit der Fertigstellung der Maßnahmen. Es wurden viele Themen angefangen, aber dann – aufgrund von Ressourcen-Engpässen und längeren Diskussionen – doch nicht fertig gestellt.

Aufgaben zerlegen

Die Maßnahmen und daraus resultierende Aufgaben sind recht unterschiedlich. Es wurde initial im Rahmen der Prozess-Aufnahme eine grobe Bewertung bezüglich des Aufwandes und des Nutzens vorgenommen. Es werden sowohl Maßnahmen mit einem geringen Aufwand (sog. „Quick Wins") als auch Maßnahmen mit einer guten Aufwand-/Nutzen-Relation priorisiert umgesetzt.

Entsprechend erfolgt eine Aufteilung in Quick Wins, deren Umsetzung innerhalb von einem Sprint erfolgt sowie

Long Terms Wins, deren Umsetzung mehre Sprints benötigen, aber auch einen deutlich höheren Nutzen versprechen.

Insbesondere die Long Term Wins haben beim Team-Leiter eine hohe Priorität. Diese Aufgaben werden in einheitlich Pakete zerteilt und auf das Team verteilt.

Prozess definieren

So unterschiedlich die Aufgaben sind, so unterschiedlich sind auch die dafür notwendigen Aktivitäten. Der Ablauf für die Umsetzung der beiden Aufgaben-Typen lässt sich aber auf einer aggregierten Betrachtungsebene recht ähnlich strukturieren. Das Team legt folgende Schritte fest: initialisieren, konzipieren, umsetzen, validieren und integrieren. Im Rahmen der Initialisierung erfolgt das Herunterbrechen und die Strukturierung der folgenden Aktivitäten. Innerhalb der Konzeption wird die Maßnahme und die für die Umsetzung notwendigen Schritte analysiert, mögliche Alternativen bewertet und kurz dokumentiert. In der Umsetzung erfolgen alle Aktivitäten, die für die spätere Nutzung notwendig sind. In der Validierung wird geprüft, ob die in der Konzeption und Umsetzung erfolgten Schritte wirksam und stimmig sind. In der Integration werden die Aktivitäten für die operative Nutzung, wie Kommunikation, Schulung usw. zusammengefasst.

Board gestalten

Der Aufbau der Boards ergibt sich aus den Aufgaben-Typen und dem definierten Prozess. Die beiden Aufgaben-Typen werden in den Swimlanes abgebildet. Die Maßnahmen werden den Aufgaben-Typen zugeordnet und auf Basis der initialen Priorisierung sortiert.

Der definierte Prozess steht oberhalb des Status. Hier werden die Schritte *initialisieren, konzipieren, umsetzen, validieren* und *integrieren* genutzt. Als Staus wurden *offen, in Bearbeitung* und *erledigt* definiert.

Aktivitäten, für die der Einsatz von Ressourcen außerhalb des Teams notwendig sind, wie z. B. die Unterstützung der IT, werden gelbe Karten eingesetzt, da diese gesondert durch den Team-Leiter angefragt werden müssen.

Das KANBAN-Board, auf Basis der Initialisierung des ersten Sprints, ist in Abbildung 58 skizziert.

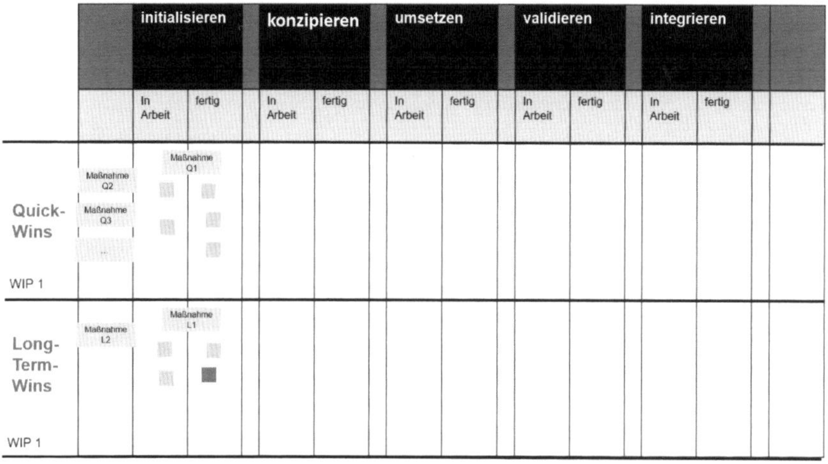

	initialisieren		konzipieren		umsetzen		validieren		integrieren		
	In Arbeit	fertig	In Arbeit	fertig	In Arbeit	fertig	In Arbeit	fertig	In Arbeit	fertig	
Quick-Wins WIP 1	Maßnahme Q2 Maßnahme Q3	Maßnahme Q1									
Long-Term-Wins WIP 1	Maßnahme L2	Maßnahme L1									

Abbildung 58: Board Prozess-Entwicklung

Da dem Team ein fester Meeting-Raum zur Verfügung steht, der für alle Meetings genutzt werden kann, wird ein analoges Board genutzt. Zur Umsetzung wurde ein zusätzliches Board angeschafft und auch Magnet-Karten.

WIP limitieren

Aus der Erfahrung vorheriger Initiativen ist es der Leitung und auch dem Team wichtig, zeitnah Ergebnisse bereitzustellen und daraus den Nutzen zu ziehen. Deshalb wird bei der Limitierung des WIP recht restriktiv vorgegangen.

Es darf insgesamt nur ein kurzfristiges und ein langfristiges Thema bearbeitet werden. Dafür ist es dem Team freigestellt, in welchem Schritt sich die Bearbeitung befindet. Das gesamte Team soll, soweit möglich, an der Fertigstellung arbeiten. Obwohl die Regel so einfach ist, wird sie explizit auf dem Board dargestellt.

Meetings strukturieren

Das Team möchte sich bei den Meetings an den „Standard-Meetings" von Scrum orientieren. Es werden Sprint Planning Meetings, Daily Scrum Meetings, Sprint Review Meetings und Sprint Retrospectives angesetzt. Dabei finden aber deutliche Anpassungen auf die Gegebenheiten statt.

Das Sprint Planning Meeting findet, aufgrund der Sprint-Dauer von 4 Wochen, alle 4 Wochen statt. Da die Anforderungen nicht von außen in das Team gelangen, wird die Abstimmung innerhalb des Teams durchgeführt. Dabei nimmt der Team-Leiter gewissermaßen die Rolle des Kunden ein. Es wird aber versucht, innerhalb des Teams eine Priorisierung vorzunehmen.

Das Daily Scrum Meeting findet nicht täglich statt, sondern dienstags und donnerstags. Das Meeting löst dabei große Teile des bisherigen Team-Meetings ab, welches auf eine Stunde angesetzt war und oft überzogen wurde. Dieses war für viele Team-Mitglieder vielfach zu langwierig und uninteressant. Das neue Meeting ist so aufgebaut, dass der Team-Leiter zunächst eine kurzen Einleitung zu den Neuerungen gibt. Dann berichtet das

Team zum Arbeitsstand mit Hilfe des KANBAN-Board. Detaillierte Fragestellungen werden dann in Anschluss-Meetings geklärt.

Aufgrund der Gegebenheiten ist das Sprint Review Meeting in das Sprint Planning Meeting integriert. Es werden zunächst die Ergebnisse geprüft und auf dieser Basis die Planung für den nächsten Sprint erstellt. Hierbei wird auch eine kleine Sprint Retrospective durchgeführt.

Rhythmus festlegen

Der Rhythmus für In- und Output ergibt sich aus der Sprint-Dauer von 4 Wochen. Der initiale Input – basierend aus den Ergebnissen der Prozessaufnahme – wird zunächst abgearbeitet. Neue Anforderungen sind nur für Ausnahmesituationen vorgesehen.

Erkennbarer Output erfolgt nach jedem Sprint. Dies gilt für die Quick Wins als auch für die langfristigen Themen. Bei der Aufteilung der Aufgaben wurden – soweit möglich – auslieferbare Ergebnisse festgelegt.

Steuerung gestalten

Für die Steuerung werden keine zusätzlichen Parameter genutzt. Der Team-Leiter achtet auf die Bereitstellung der vereinbarten Ergebnisse am Ende des Sprints. Das Team hat als gemeinsames Ziel die Abarbeitung des initialen Backlogs bis zum Jahresende vereinbart.

Nutzen

Durch die Nutzung von KANBAN können die Zeiten für Meetings deutlich reduziert werden. Neben der zeitlichen gibt es aber auch eine inhaltliche Komponente. Die Meetings sind strukturierter und es wird weniger Zeit für unnötige Diskussionen aufgewendet. Der Team-Leiter bekommt hierdurch Raum, auf einzelne kritische Punkte gezielt ein zugehen.

Die Bearbeitung der Themen erfolgt deutlich fokussierter. Das Team arbeitet mit vereinten Kräften an den Themen. Dadurch können die Durchlaufzeiten deutlich reduziert werden.

Die Nutzung des Backlog schafft einen Überblick darüber, was schon geleistet wurde und was in Zukunft ansteht. Die einzelnen Aktivitäten werden in den Gesamtkontext eingeordnet. Die gewonnene Agilität ermöglicht es dem Team, besser das „Tagesgeschäft" mit der Prozess-Entwicklung zu vereinen.

Die Zeiten, in denen das Team den Status abgestimmt hat, konnten deutlich reduziert werden. Es wurde eine angenehmere konstruktivere Atmosphäre geschaffen.

7.4. Anwendung 4: KANBAN in kollaborativen Prozessen

Kollaborative Prozesse sind gekennzeichnet durch einen hohen Wert bei einer geringen Strukturierung. Anhand des Beispiels der Budgetierung einer Organisationseinheit wird der Einsatz von KANBAN dargestellt. Die Budgetierung ist ein Geschäftsprozess, der in Teilen strukturiert erfolgen muss, z. B. für die Abbildung innerhalb eines IT-Systems. Bei großen Teilen erfolgt dies aber mit einer geringeren Struktur und in der Zusammenarbeit und durch Abstimmung zwischen den Beteiligten.

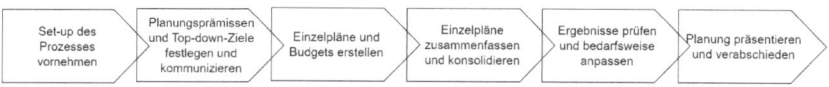

Abbildung 59: Teilprozesse operative Planung und Budgetierung (Eigene Darstellung in Anlehnung an IGC)[186]

Ausgangssituation

Die Organisation führt jährlich eine operative Planung und Budgetierung durch. Der Ablauf orientiert sich am „Standard" der International Group of Controlling. Die Teilprozesse sind in Abbildung 59 dargestellt.

Der dargestellte Ablauf gibt dabei den Sachverhalt nur eingeschränkt wieder. In Wirklichkeit durchläuft die Planung keinen Prozess von links nach rechts, sondern an vielen Stellen eine ganze Reihe von Schleifen für die Ab-

186 International Group of Controlling (Hg.), *Controlling-Prozessmodell: Ein Leitfaden für die Beschreibung und Gestaltung von Controlling-Prozessen*, Freiburg: Haufe, 2011, S. 26.

stimmung. Dabei bedingt die Anpassung an einer Stelle vielfach die Anpassung an einer anderen Stelle.

Der Gesamtplan setzt sich dabei aus einer Reihe von Einzelplänen zusammen, die zunächst für jede Geschäftseinheit erstellt und dann zu einem Gesamtplan konsolidiert werden.

Die Vorgabe der Termine erfolgt durch das zentrale Controlling, welches auch die übergreifenden Prämissen und Ziele sowie das IT-System vorgibt. Die Ausgestaltung der Planung und Durchführung obliegt dann dem Controlling in den dezentralen Einheiten. Aufgrund unterschiedlicher Geschäftsmodelle und Strukturen innerhalb der Einheiten fällt die Planung unterschiedlich aus.

In der vorhergegangenen Planungsrunden waren bei einer Landesgesellschaft das Vorgehen und der Status intransparent und es konnten mehrfach die vorgegebenen Termine nicht eingehalten werden.

Es soll ein Vorgehen geschaffen werden, welches die notwendige Transparenz herstellt und trotzdem die Berücksichtigung der vorliegenden Gegebenheiten und Beibehaltung der Autonomie der Einheit ermöglicht.

Aufgabe zerlegen

Die Aufgabe lässt sich grob mit der Erstellung und Abstimmung eines Budgets für die Organisationseinheit zusammenfassen. Das Budget beinhaltet die Elemente *Plan-Gewinn und Verlustrechnung* und *Plan-Bilanz*. Um diese zu ermitteln, werden Einzelpläne aus unterschiedlichen Detaillierungsebenen erstellt. Dabei werden Teilpläne auf zentraler und dezentraler Ebene erstellt.

Der Fokus der Betrachtung liegt auf der Erstellung der dezentralen Teilpläne, die für die Gewinn- und Verlustrechnung benötigt werden. Für die Ergebnis-Rechnung beinhaltet dies die Planung der Absatzmengen, Preise, Produktionsmengen, die Kalkulation der Herstellungskosten sowie die Budgets der einzelnen Kostenstellen. Die Elemente sind dabei stark voneinander abhängig.

Prozess definieren

Die detaillierten Abläufe bei der Erstellung der einzelnen Teilpläne variiert. Es lässt sich auf einer Tätigkeitsebene kein allgemeingültiger Ablauf darstellen.

Die definierten Teilprozesse in Abbildung 59 werden aber als zu grob angesehen. Dies gilt insbesondere für die Interaktion zwischen dem dezentralen Controlling und den involvierten Fachbereichen sowie dem Management der Einheit und dem zentralen Controlling.

Innerhalb eines Workshops zwischen dem zentralen Controlling-Verantwortlichen und dem dezentralen Controlling-Team wird der folgende Ablauf definiert: Ausgehend von den zentralen Vorgaben, findet eine dezentrale Vorbereitung statt. In dieser werden die Ansprechpersonen festgelegt, die internen Termine abgestimmt und die entsprechende Kommunikation eingeleitet. Des Weiteren wird in diesem Schritt das IT-System für die Planungsrunde vorbereitet und bereitgestellt.

Im folgenden Schritt starten die eigentliche Planung sowie die Abstimmung innerhalb der Einheit. Aus den vergangenen Planungsrunden ist den Beteiligten klar, dass es keinen Nutzen stiftet, die einzelnen Teilprozesse im Detail herunterzubrechen, eine Aufteilung in *offen, in Arbeit* und *fertig* ist aber auch nicht ausreichend. Das Team entscheidet sich, basierend auf den Erfahrungen aus den Vorjahren, zusätzlich die einzelnen Iterationen zu dokumentieren. Den Abschluss jeder Iteration bildet die Abstimmung mit dem Management. Hierfür werden bereits feste Termine eingeplant. Um den zentralen Terminplan einzuhalten, müssen drei Iterationen ausreichen.

Board gestalten

Das Board ergibt sich aus dem festgelegten Prozess mit den definierten Iterationen, die durchlaufen werden. Den Start bildet das Set-up. Dann erfolgen die Iterationen aufgeteilt in Planung, Zusammenfassung und Abstimmung. Die Prozessschritte werden für die einzelnen Teilpläne ausgeführt. Jeder Teilplan wird auf den Swimlanes des Boards abgebildet. Die Reihenfolge orientiert sich dabei an der Reihenfolge der Bearbeitung von unten nach oben.
Die Zieltermine für die Fertigstellung der Iterationen sowie des Gesamtplanes sind auf dem Board eingetragen. Hiermit wird das Arbeiten auf den Zieltermin hin verdeutlicht. Um eine reibungslose Kommunikation mit dem zentralen Controlling zu ermöglichen, wird ein elektronisches Board eingesetzt. Zugriff zu dem Board hat das Controlling-Team der Landesgesellschaft sowie die zentralen Ansprechpartner. Auf eine weitere Öffnung wurde gezielt verzichtet.

WIP limitieren

Im ersten Schritt herrscht bei der Festlegung der WIP-Limits eine hohe Verunsicherung. Es wird befürchtet, dass durch die Limits die Arbeit ins Stocken gerät. Als Kompromiss einigt sich das Team auf einfache Regeln. Die Finalisierung einer Iteration und Gesamtplanung hat die höchste Priorität. Erst wenn die Planung für einen Einzelplan abgeschlossen, darf mit einem neuen angefangen werden. Der Start für eine neue Iteration erfolgt erst nach Abstimmung der davorliegenden.

Rhythmus festlegen

Der grundlegende Rhythmus für den Input und auch die Bereitstellung der Ergebnisse ist auf zentraler Ebene vorgegeben und auf dieser Basis sind auch die dezentralen Termine festgelegt.

Durch die Abstimmungsschleifen ergibt sich teilweise neuer Input und neue Prioritäten. Diese müssen in der Bearbeitung berücksichtigt werden. Die Termine hierfür wurden in der initialen Planung der Iterationen festgelegt.

Meetings strukturieren

Um den aktuellen Stand zu betrachten, führt das dezentrale Controlling Team täglich morgens ein Meeting durch. Der Schwerpunkt des Meetings ist der Stand der einzelnen Teilpläne sowie die frühzeitige Betrachtung von blockierten Aufgaben. Daneben wird geprüft, inwieweit sich die Team-Mitglieder unterstützen können. Kritische Fragestellung werden mit dem Leiter des Controllings in einem Anschluss-Meeting direkt geklärt.

Neben dem dezentralen täglichen Meeting erfolgt ein wöchentliches Meeting mit den zentralen Ansprechpartnern am Ende der Woche. Hier wird der Status der Planung zusammengefasst und kritische Fragestellungen abgestimmt.

Steuerung gestalten

Für den Prozess wird kein zusätzlicher Steuerungskreis oder bestimmte Kennzahlen definiert. Innerhalb der täglichen Arbeit liegt ein besonderer Fokus auf den blockierten Aufgaben, da diese den Gesamtzeitplan negativ beeinflussen.

Die Bereitstellung der vollständigen und abgestimmten Pläne zu dem definierten Zeitpunkt hat die höchste Priorität und wird entsprechend verfolgt. Abweichungen werden schon innerhalb der Iterationen identifiziert und Maßnahmen zur Gegensteuerung eingeleitet.

Nutzen

Die Kommunikation und Interaktion innerhalb der Landesgesellschaft als auch mit den zentralen Bereichen wird deutlich gestärkt. Der Austausch erfolgt auf einer regelmäßigen Basis und nicht erst wenn es zu spät ist.

Die Beteiligten haben einen transparenten Überblick über den aktuellen Stand und verstehen auch mit Hilfe des KANBAN-Boards die Auswirkungen auf den Gesamtprozess. Dieser kann auch einfach an die anderen Stakeholder vermittelt werden.

Das Controlling-Team der Landesgesellschaft hat dem täglichen Meeting die Rahmenbedingungen für eine zielgerichtete Verteilung der Aufgaben und die gegenseitige Unterstützung gelegt. Der kontinuierliche Einbezug der Controlling-Leitung unterstützt dabei, kritische Punkte umgehend zu klären.

7.5. Anwendung 5: KANBAN in ad-hoc Prozessen

Wie in Kapitel „1.3. Prozess" beschrieben, sind ad-hoc Prozesse Abläufe, die sich durch eine geringe Wiederholung und Struktur sowie einen geringen Wert auszeichnen. Es gibt aber auch durchaus ad-hoc Prozesse mit einer hohen Bedeutung für die Organisation. Diese lassen sich durch ihren Ad-hoc-Charakter von kollaborativen Prozessen abgrenzen. Auch für diese Ad-hoc-Prozesse kann der Einsatz von KANBAN eine sinnvolle Unterstützung darstellen. Dies gilt insbesondere, wenn man sich die alternativen Möglichkeiten betrachtet.

Ausgangssituation

Im Anwendungsfall geht es im wahrsten Sinne um ein *Fire Fighting*-Szenario. Bei einem wichtigen Lieferanten gab es einen Brand in einer Produktionsstätte in Asien. Hierdurch kommt es kurzfristig zu Lieferengpässen bei einer wichtigen Komponente. Es drohen Stillstände in der Produktion und die Verzögerung oder sogar der Verlust von Kundenaufträgen.

Innerhalb eines interdisziplinären Teams sollen kurzfristig Maßnahmen zur Lösung des Problems erarbeitet werden. Das Team wird vom Management berufen und setzt sich zusammen aus Einkauf, Logistik, Produktion, Vertrieb, Produktentwicklung und Controlling.

Der Einkauf steht in Kommunikation mit dem bestehenden Lieferanten und sucht parallel nach alternativen Quellen für die Komponente. Die Produktion prüft die Planung und Möglichkeiten zusätzliche Kapazitäten bereitzustellen. Die Logistik prüft alternative Transport-Möglichkeiten. Der Vertrieb steht in Kommunikation mit den Kunden. Die Produktentwicklung prüft Möglichkeiten der Änderung des Designs der betroffenen Produkte. Das Controlling bereitet die Unterlagen auf und prüft unter finanziellen Gesichtspunkten.

Das Management ist für die Bewertung und Entscheidung verantwortlich.

Das Unternehmen hat keinen etablierten Prozess für das Management von einer solchen Ausnahmesituation. Aufgrund der Dringlichkeit ist allen Beteiligten klar, dass dieser Prozess im Nachgang entwickelt werden muss, jetzt aber – ad-hoc – eine schnelle pragmatische Lösung her muss.

Der Leiter der Produktentwicklung schlägt die Nutzung eines KANBAN-Boards für die Koordination der Aufgaben vor. Ein Entwicklungs-Team nutzt KANBAN in einem Pilot-Projekt und ist damit durchaus zufrieden. Das Team und insbesondere das Management sind mit der Nutzung des Boards und einiger KANBAN-Regeln einverstanden, solange hierdurch kein unnötiger zusätzlicher Aufwand entsteht und es zu einer schnellen Lösung beiträgt.

Aufgabe zerlegen

Das Ziel des Prozesses ist es, für die beschriebene Problemstellung eine Lösung zu erarbeiten. Aus ähnlichen Problemstellungen in der Vergangenheit ist bekannt, dass es für die Problemstellung nicht eine Lösung gibt, sondern allen Beteiligten zusammenarbeiten müssen.

Die Lösung und Teillösungen sind hierbei noch nicht definiert, sondern diese müssen erarbeitet werden. Zur Herstellung der Teillösungen müssen Maßnahmen abgeleitet werden. Die Maßnahmen lassen sich grob nach den Bereichen in Einkauf, Logistik, Produktion, Vertrieb und Produktentwicklung sowie nach übergreifenden Themen gliedern.

Auf eine weitere Zerlegung, Detaillierung und Planung der Aufgaben wird aufgrund der Dringlichkeit verzichtet.

Prozess definieren

Aufgrund der gebotenen Eile kann keine langwierige Modellierung des Prozesses erfolgen. Das Team einigt sich – nach einer kurzen Diskussion – nach den folgenden Schritten zu verfahren: Maßnahme identifizieren, Maßnahme analysieren, Maßnahme bewerten, Maßnahme durchführen.

Board gestalten

Das KANBAN-Board wird auf Basis der Aufgabenteilung und des definierten Prozesses erstellt. Für die Aufgaben wird zusätzlich eine Zeile für übergreifende Lösungsansätze eingefügt. Die Status-Information wird auf Basis des bestehenden Boards aus der Produktentwicklung übernommen. Das Board ist in Abbildung 60 zusammengefasst.

Da die Beschreibung der einzelnen Maßnahmen relativ grob ist, werden innerhalb der Karten die Aktivitäten in Checklisten dokumentiert. Hierzu werden der Verantwortliche und der Fertigstellungstermin eingegeben.

Da das Team an unterschiedlichen Standorten sitzt und insbesondere beim Management eine hohe Reiseaktivität vorliegt, wird ausschließlich ein elektronisches Board eingesetzt. Hierfür wird die aus der Produktentwicklung bekannte Software genutzt. Das Board wird im Nachgang zum Kick-off Meeting durch das Produktentwicklungs-Team initial aufgesetzt. Alle Team-Mitglieder erhalten eine kurze Eingangsschulung zur Nutzung.

	Maßnahme identifizieren			Maßnahme analysieren			Maßnahme bewerten			Maßnahme durchführen		
	offen	in Arbeit	fertig	offen	in Arbeit	fertig	offen	in Arbeit	fertig	offen	in Arbeit	fertig
Einkauf												
Logistik												
Produktion												
Vertrieb												
Entwicklung												
Übergreifend												

Abbildung 60: Board „Fire Fighting"

WIP limitieren
Die vielversprechendsten Alternativen sollen möglichst konzentriert bearbeitet werden. Deshalb wird für die Bereiche Einkauf, Logistik, Produktion, Vertrieb und Produktentwicklung das WIP-Limit auf zwei gesetzt. Ziel ist es, möglichst schnell die einzelnen Maßnahmen umzusetzen und die Problemstellung zu lösen.
Als kritischer Engpass wird das Controlling-Team gesehen, welches alle Maßnahmen unter finanziellen Gesichtspunkten bearbeiten muss.

Meetings strukturieren
Es sind täglich zwei Meeting-Termine angesetzt. Eines am Morgen und eines am Nachmittag. Im Morgen-Meeting geht das Team den aktuellen Stand durch. Das Meeting ist auf 15 Minuten angesetzt und dient der Abstimmung

der Bereiche. Das Controlling koordiniert das Meeting. Um den engen Zeitplan einzuhalten, sind für Fragestellungen an die Schnittstellen im Nachgang Anschluss-Meetings vereinbart.

Im Nachmittags-Meeting nimmt auch das Management teil. Hier geht es darum, notwendige Entscheidungen zu erhalten und die Priorisierung zu justieren. Das Nachmittags-Meeting ist ebenfalls auf 15 Minuten angesetzt. Die Agenda wird zügig abgearbeitet. Kritische Entscheidungspunkte werden detaillierter vorgestellt. Die dafür vorgesehenen Karten sind mit einem roten Punkt gekennzeichnet.

Rhythmus festlegen

Im Nachmittags-Meeting werden auch die Entscheidungen getroffen, wie neuer Input aufgrund von geänderten Prioritäten aufgenommen wird. Hierdurch wird eine hohe Reaktionsfähigkeit sichergestellt. Die doch kurzfristige Veränderung wird durch eine hohe Übersichtlichkeit über die vorliegenden Aufgaben transparent und nachvollziehbar. Ergebnisse und auch schon Zwischenergebnisse werden sobald wie möglich kommuniziert und genutzt. Für die Vorstellung wird das Nachmittags-Meeting genutzt.

Das Team hat vereinbart, neue Themen, Aktivitäten und Prioritäten nicht außerhalb der Meetings einzusteuern.

Steuerung gestalten

Bedingt durch die kurze Vorbereitungszeit und Ad-hoc-Nutzung, sind keine gesonderten Kennzahlen für die Steuerung definiert.

Die Maßnahmen werden auf Basis der Einschätzung des Nutzens sowie der erwarteten Kosten und notwendigen Investitionen bewertet.

Nutzen

Die Einfachheit von KANBAN ermöglicht eine schnelle Ad-hoc-Nutzung. Auch wenn durch die schnelle Einführung nicht alle Aspekte vollumfänglich ausgenutzt werden. Es muss keine neue Organisation ausgestaltet werden, sondern es kann direkt um die Umsetzung gestartet werden.

Die Kommunikation läuft deutlich zielgerichteter. Mehrfaches Nachfragen nach dem Status, insbesondere durch das Controlling, kann deutlich reduziert werden. Die Abstimmungen fokussieren sich stärker auf den Inhalt. Dies wird auch bei den übergreifenden Themen deutlich.

In der vorliegenden Situation kann der Stress nicht abgebaut werden. Die Liefertermine für die Erarbeitung der Lösungen bleiben eng. Der festgelegte Work in Progress, die Meeting-Strukturen und der vereinbarte Rhythmus schaffen aber eine Verlässlichkeit bei den Beteiligten, konzentriert an einem Thema arbeiten zu können. Dadurch wird die Durchlaufzeit deutlich reduziert.

7.6. Kurzporträts weiterer Anwendungen

Die Einsatzmöglichkeiten von Kanban sind vielseitig. Um die weiteren Möglichkeiten von Anwendungsbereichen zu veranschaulichen und Ideen zu geben, werden weitere Beispiele kurz zusammengefasst. Die Beispiele reichen von der Ebene des Individuums mit „Personal Kanban" über die Prozessebene, in der Lehrprozesse und Service-Prozesse betrachtet werden, hin zur strategischen Steuerungsebene im Portfolio-Management.

7.6.1. Personal Kanban

Kanban kann nicht nur in Organisationen von Teams genutzt werden, sondern die Ansätze lassen sich auch auf eine einzelne Person übertragen. Jim Benson und Tonianne De-Maria Barry erarbeiteten dies als „Personal Kanban". Personal Kanban ist inspiriert von Kanban, hat aber ein paar grundlegende Anpassungen. Die Prozesse, die im privaten Umfeld ablaufen, verfügen nicht über die Struktur wie in einer Organisation. „Personal Kanban muss unglaublich flexibel sein. Es muss ein System sein, das Regeln verabscheut. Es ist ein Mysterium. Ein Prozess, der Prozesse hasst."[187]
Der Ansatz schafft diese Flexibilität über die Anwendung von zwei einfachen Regeln. Bei Regel 1 geht es darum, die

---

187 Jim Benson & Tonianne D. Barry, *Personal Kanban: Visualisierung und Planung von Aufgaben, Projekten und Terminen mit dem Kanban-Board*, Heidelberg: dpunkt.verl., 2012, S. 13.

Arbeit sichtbar zu machen, und bei Regel 2 darum, den WIP auf eine handhabbare Menge zu begrenzen.[188] Dies sind wichtige, aus Kanban bekannte Elemente.

Auch die Einführung von Personal Kanban gestaltet sich einfacher. Um Personal Kanban einzusetzen, werden die folgenden Schritte durchlaufen:

1. Material vorbereiten
2. Wertstrom ermitteln
3. Backlog erstellen
4. WIP limitieren
5. Arbeit beginnen
6. Sich besinnen[189]

Zunächst erfolgt eine kurze Vorbereitung, bei der das notwendige Materialien wie Whiteboard und Stifte bereitgestellt werden. Für alle, die kein Whiteboard im Wohnzimmer wollen, findet sich aber unter den in Kapitel 8 vorgestellten Tools auch eine ansprechende Variante für das Smartphone. Dann wird der Wertstrom / Prozess ermittelt. Im persönlichen Fall ist gerade der Begriff Wertstrom eher weniger passend. Im einfachen Fall wird hier die Aufteilung nach dem Status vorgenommen. In Personal Kanban wird dann mit einem Backlog gearbeitet, in dem alle offen Themen gelistet werden. Dann steht alles bereit und mit der Arbeit kann begonnen werden. Anders als beim Abhaken einer To-do-Liste dient das Board nicht nur dafür, Arbeit abzuhaken, sondern auch dazu, die Arbeitsweise zu reflektieren. Gerade im persönlichen Bereich kommt der Zerlegung der Aufgaben bei der Erstellung des Backlogs in Schritt 3 eine

188 Ebd., S. 15.
189 Ebd., S. 25-35.

besondere Bedeutung zu. Die Aufgaben werden sehr vielseitig sein und die Möglichkeiten für die Strukturierung fallen geringer aus als im professionellen Bereich. Es wird die Tendenz geben, die Aufgaben zu groß zu schneiden oder aber auch in kleine To-do-Listen zu verfallen.

Personal Kanban eignet sich für den täglichen Gebrauch, aber insbesondere in Situationen, in denen sich eine Vielzahl an Themen ansammelt und Struktur benötigt wird. Hier schafft es schnell und mit wenigen Hindernissen einen großen Nutzen.

7.6.2. Kanban in Lehr- und Lernprozessen

Neben dem Einsatz im Unternehmen oder im persönlichen Bereich kann Kanban auch in weiteren Feldern eingesetzt werden. Kanban eignet sich beispielsweise auch für den Einsatz beim Lernen. Das Kanban-Tool Trello z. B. bietet hierfür auch einige Vorlagen für die Schule. Hier sind vielseitige Einsatzmöglichkeiten denkbar. Eine große Stärke liegt hierbei darin, eine Struktur zu schaffen, ohne alle Flexibilität zu rauben und damit einen selbstbestimmten Lernrhythmus zu unterstützen.

Im vorliegenden Fall wird eine Kombination aus Scrum und Kanban für einen Teil der berufsbegleitenden Ausbildung von Lehrern eingesetzt. Als Tool zur technischen Unterstützung wird Trello genutzt.[190] Die Spalten des Boards sind in Abbildung 61 dargestellt.

Im *Learning Backlog* sind vordefinierte Lerninhalte in Form von User Stories (Technik zur Beschreibung von Anforderungen aus der Software-Entwicklung) auf Karten definiert. Für die Lerneinheit sind 3 Sprints definiert. Zu Beginn des Sprints wählt jedes Team 2 – 4 Karten aus und schiebt diese in die Spalte *Things to be learnt next.* Dann werden die Karten abgearbeitet und entsprechend in *Things we are learning* verschoben. Karten die erfolgreich bearbeitet und einem „Acceptance Test" unterzogen wurden, werden in *Things we have learnt* abgelegt.[191]

Learning backlog	Things to be learnt next	Things we are learning	Things we have learnt

Abbildung 61: Spalten des Boards für Lehrveranstaltung
(Eigene Darstellung, in Anlehnung an Lee)[192]

Das Pull-Prinzip bietet den Lernenden die Möglichkeit der Eigenverantwortung. Es ermöglicht, zu recherchieren, Wissen anzuwenden und zu evaluieren und Ergebnisse zu

---

190 Mark J. W. Lee, *Proceedings of 2018 IEEE International Conference on Teaching, Assessment, and Learning for Engineering (TALE): 4-7 December 2018, Novotel Wollongong Northbeach Hotel, Wollongong, NSW, Australia* (Piscataway, New Jersey: Institute of Electrical and Electronics Engineers, 2018, S. 2.

191 Ebd.

192 Ebd., S. 3.

präsentieren, so dass sie erfolgreich sein können.[193] Gerade beim Lernen zeigt die Förderung von Eigenmotivation sehr positive Ergebnisse, die durch Kanban unterstützt werden können.

Der visuelle Charakter von Kanban-Tafeln hilft den Lernfortschritt zu verfolgen, zu sehen, was der nächste Schritt ist, wo Anfang und Ende sind, die eigenen Fortschritte vor Augen zu führen und wo man sich beraten lassen sollte oder Fragen stellen kann.[194]

Der Einsatz der Kanban-Boards hilft dabei, effizienter zu arbeiten. Es werden weniger Aufgaben angefangen und nicht abgeschlossen und es werden die Kommunikation und das Verantwortungsgefühl gestärkt.[195]

Die Ideen und Techniken von KANBAN passen sehr gut mit dem Verständnis, wie Lernen gestaltet werden sollte, zusammen und kann in vielen Anwendungsfällen einen sinnvollen Rahmen schaffen.

7.6.3. Kanban in Service-Prozessen

Innerhalb der IT ist es nicht nur die Software-Entwicklung, sondern auch Service-Prozesse, in denen Kanban eingesetzt werden kann. Kanban eignet sich aber auch für den Service von anderen Produkten. Im Service-Bereich werden hohe Anforderungen an eine geringe und gut vorhersehbare Durchlaufzeit gelegt. Der Lösungsprozess erfolgt kundenindividuell, abgesehen von einfachen Stan-

---

193 Ebd., S. 4.
194 Ebd.
195 Ebd.

dard-Fällen, und verlangt eine hohe Interaktion mit dem Kunden oder anderen Team-Mitgliedern.

Im vorliegenden Fall wird die Abwicklung von Kunden-Support-Anfragen eines Telekommunikationsanbieters betrachtet. Vor der Einführung von Kanban erfolgte die Bearbeitung der Anfragen individuell durch die erfahrenen Mitarbeiter. Die Aufgaben wurden nach dem Push-Prinzip durch den Projektmanager zugeordnet.[196]

Um geeignete Rahmenbedingungen zu schaffen, wurden nicht nur Trainings durchgeführt und das Thema Lean bearbeitet, es wurden auch die Büro-Räume umgestaltet. Aus mehreren Büros wurde ein großer offener Raum geschaffen.[197] Neben der räumlichen Umgestaltung und der Auseinandersetzung mit der Umgestaltung der Arbeit ist die Bildung der Teams ein wichtiger Aspekt. Hierbei spielt auch eine bedeutende Rolle, wie die Teams gebildet werden. Oft wird dies als wesentliche Führungsaufgabe durch das Management vorgegeben. In diesem Fall erfolgte die Zusammensetzung des Teams durch eine Abstimmung zwischen den Mitgliedern, bei der das Management noch nicht mal teilnehmen durfte.[198] Hierdurch wurde die Verantwortung auf das Team gelenkt und damit auch die Bereitschaft, das Thema entsprechend zu unterstützen.

Innerhalb des Backlogs werden die Service-Anfragen geführt. Für diese bestehen bereits festgelegte Regeln für die Priorisierung. Diese können für Kanban übernommen

196 Stefan Biffl, *37th EUROMICRO Conference on Software Engineering and Advanced Applications (SEAA), 2011: Aug. 30, 2011 – Sept. 2, 2011, Oulu, Finland; proceedings* (Piscataway, NJ: IEEE, 2011).

197 Ebd., S. 322.

198 Ebd.

und über den Farb-Code der Karten wiedergegeben werden. Andere Aufgaben, die das Team erledigt, sind ebenfalls enthalten und werden mit grünen Karten dargestellt.[199] Hierdurch ist ein Gesamtblick auf alle Aufgaben des Teams möglich. Durch die Beibehaltung der bestehenden Regeln kann die Einführung vereinfacht werden. Als Board wird eine physische Version verwendet, da sich alle Team-Mitglieder an einem Ort befinden.[200] Hierfür sind auch die Umbau-Maßnahmen und die Arbeit des Teams an einem zentralen Ort hilfreich. Der Aufbau des Boards wird in Abbildung 62 gezeigt.

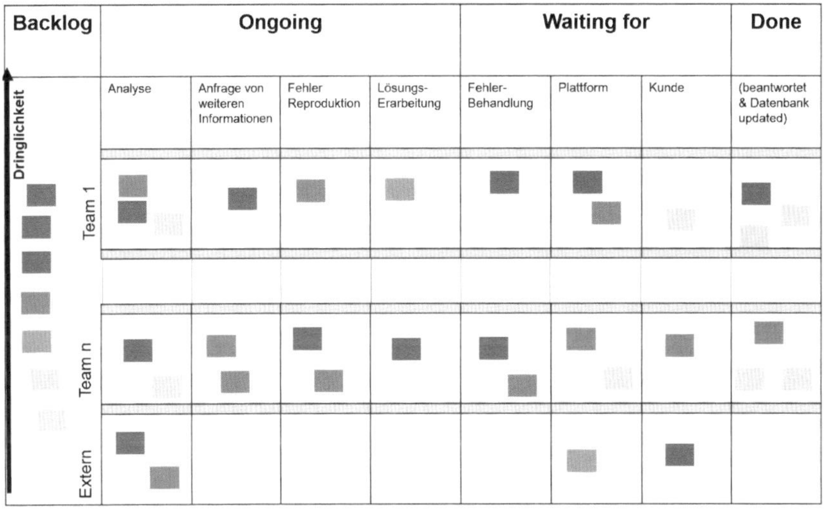

Backlog	Ongoing				Waiting for			Done
(Dringlichkeit)	Analyse	Anfrage von weiteren Informationen	Fehler Reproduktion	Lösungs-Erarbeitung	Fehler-Behandlung	Plattform	Kunde	(beantwortet & Datenbank updated)

Abbildung 62: Service Kanban-Board
(Eigene Darstellung in Anlehnung an Seikola, Loisa und Jagos)[201]

199 Ebd.

200 Ebd., S. 322–323.

201 Ebd., S. 323.

In der linken Spalte, im Backlog, werden die offen Anfragen / Aufgaben dargestellt. Diese werden nach Dringlichkeit von oben nach unten angeordnet. Die hellen internen Aufgaben stehen bei der Dringlichkeit ganz unten.

In den Zeilen (Swimlanes) werden die Teams geführt, denen die Aufgaben zugeordnet sind. Zusätzlich werden in der Zeile *„Extern"* Aufgaben geführt, die von Mitarbeitern bearbeitet werden, die nicht Teil des Teams sind.

Der Prozess wird zunächst grob gegliedert nach *Ongoing*, *Waiting for* und *Done*. *Ongoing* zeigt den Stand der aktuellen Bearbeitung des Teams. Über *Waiting for* kann die Bearbeitung außerhalb des Teams und eine mögliche Verzögerung, die nicht im Einfluss des Teams liegt, hervorgehoben werden. In der Spalte *Done* wird angezeigt, welche Anfragen vollständig bearbeitet und auch dokumentiert sind.

Die Bearbeitung startet mit der Analyse, in der die Anfrage analysiert wird. Die Anfrage von weiteren Informationen ist gezielt in einen gesonderten Schritt gefasst. Hier können mögliche Verschiebungen bei der Bearbeitung aufgezeigt werden. Im nächsten Schritt erfolgt die Nachstellung des Fehlers als Grundlage für die Erarbeitung der Problem-Lösung.

Ist das Problem gelöst, übergibt das Team die Aufgabe und wartet auf die entsprechenden Ergebnisse. Treten keine Fehler auf und das Feedback des Kunden ist positiv, kann die Anfrage durch die Dokumentation abgeschlossen werden.

Auf dem Board werden auch die WIP-Limits angezeigt. Da die Teams unterschiedliche Größen haben, werden für die Ongoing-Aktivitäten durch die Teams WIP-Limits gesetzt und gepflegt.[202]

Die Team-Arbeit und Arbeit mit dem Board wird durch regelmäßige Meetings gestärkt. Diese finden dreimal die Woche statt. Daneben wird alle zwei Wochen ein Retrospective Meeting durchgeführt.[203]

Im Service-Bereich haben sich eine ganze Reihe-Kennzahlen etabliert. Diese helfen dabei, den mit dem Kunden vereinbarten Service bereitzustellen. Aus den bestehenden Kennzahlen und geänderten Anforderungen durch Kanban muss die Steuerung neu überdacht und angepasst werden. Die folgenden Metriken werden hierbei genutzt:

- Wartezeit im Backlog
  (nach Dringlichkeit, Durchschnitt und Verteilung)
- Vorlaufzeit
  (nach Dringlichkeit, Durchschnitt und Verteilung)
- Anteil überfälliger Anfragen (nach Dringlichkeit)
- Ein- und Abgang an Anfragen
- Anzahl und Prozentsatz der Anfragen
  in jeder Spalte[204]

Der Fall zeigt, wie KANBAN auch für mehrere Teams gezielt eingesetzt werden kann, um Service-Prozesse zu unterstützen. Es benötigt hierfür weit mehr als nur ein KANBAN-Board. Die Einführung bildet eine tiefgreifende Veränderung der Arbeit des Teams und auch der Führung. Dies gelingt nur durch die Zusammenarbeit, Unterstützung der Team-Mitglieder, Unterstützung des Managements und gezieltes Coaching.

202 Ebd., S. 323.

203 Ebd., S. 324.

204 Ebd.

7.6.4. Kanban im Portfolio-Management

Bei der bisherigen Betrachtung wurde Kanban für die Abwicklung von kleineren Arbeits-Einheiten eingesetzt. Doch Kanban kann auch für die Steuerung eines ganzen Portfolios genutzt werden. Das Management des Portfolios ist in Organisationen ein wichtiger strategischer Prozess, da hierbei die Ideen und Initiativen, die langfristig umgesetzt werden, ausgewählt und die notwendigen Ressourcen bereitgestellt werden.

Aufgrund der Nähe von Kanban zur IT handelt es sich bei dem vorliegenden Fall um die Projekte zur Erweiterung einer IT-Plattform. Der Fall ist aber durchaus auch auf andere Produkte, Services oder Organisations-Projekte übertragbar.

Das Unternehmen setzt bereits erfolgreich Kanban für die Software-Entwicklung ein. Der bisherige Ansatz für das Portfolio-Management brachte einige Problemstellungen mit sich. Die Grundidee ist, dass – anstatt der bisher in Projekten verwendeten User Stories – Projektideen für das Portfolio Management stehen.[205]

Der Prozess / Wertschöpfungskette wird entsprechend der Reifestufen von Projekten abgebildet. Dies startet mit der Sammlung von Ideen, die sich in einem noch unreifen Zustand befinden können. Im nächsten Schritt wird die Vision weiter ausgearbeitet und Ziele, Auftrag und Scope des Projektes formuliert. Im Kernschritt des Envisioning geht es darum, aus der Vision ein umsetzungsfähiges Projekt zu gestalten. Dies beinhaltet ein Produkt-Backlog, verfeinerte Ziel-Metriken, die Prüfung auf technische

---

205 David J. Anderson, *Kanban: Evolutionäres Change Management für IT-Organisationen*, Heidelberg: dpunkt-Verl., 2011, S. 257.

Machbarkeit sowie der Risiken als auch ein Modell zur Live-Setzung. Für ausgewählte Projekte erfolgt dann die Entwicklung und Livestellung.[206] Das auf Basis des Ablaufs definierte Board wird in Abbildung 63 gezeigt.

Idee	Vision		Envisioning		Entwicklung	Live
	Doing	Done	Doing	Done		

Abbildung 63: Board für Portfolio-Management
(Eigene Darstellung in Anlehnung an Andrezak)[207]

Die eingesetzten Karten fassen die wesentlichen Informationen des Projektes zusammen. Dies beinhaltet den Projektnamen, die Schätzung für den Wertbeitrag und Komplexität (in T-Shirt-Größen) sowie wesentlicher Termine und Beteiligte.[208] Über die Farbe der Karten wird die Zugehörigkeit zum Geschäftsbereich dargestellt.[209]
Eine interessante Fragestellung bildet auf der Portfolio-Ebene die Festlegung von WIP-Limits. Die Limitierung des WIP setzt ein gewisses Maß an Gleichartigkeit voraus. Dies kann bei Projekten der Fall sein. In der Regel liegt hier

206 Ebd., S. 259.

207 Ebd., S. 261.

208 Ebd., S. 259.

209 Ebd., S. 261.

aber eine Variabilität vor. Im vorliegenden Fall werden nicht feste WIP-Limits definiert. Der WIP wird aber durchaus kontrolliert.[210] Allein das Verständnis und kritische Prüfen der parallelen Arbeiten und das bewusste Begrenzen unterstützt das Gesamt-System.

Beim Portfolio-Management handelt es sich um einen anspruchsvollen Management-Prozess, bei dem viele Abhängigkeiten zu beachten sind. Es müssen die langfristigen Interessen unterschiedlicher Stakeholder berücksichtigt werden. Um den Prozess im Unternehmen zu implementieren, wurde ein wöchentliches Meeting eingeführt. Inhalt des Meetings ist die Diskussion von neuen Ideen und die Beobachtung des Status. Teilnehmer sind das gesamte Management-Team sowie der Leiter des Product Managements, der CTO und der Entwicklungsleiter sowie – bedarfsorientiert – weitere Spezialisten.[211]

Der vorliegende Fall zeigt, dass KANBAN durchaus auch für andere Elemente genutzt werden kann und sich auch für große Arbeitseinheiten eignet. KANBAN kann auf unterschiedlichen Ebenen genutzt und auch verknüpft werden. Einige der in Kapitel 8.2 vorgestellten IT-Tools bieten hier für gesonderte Funktionalitäten.

Ein großer Nutzen hierbei ist die einfache Visualisierung, die einen umfangreichen Sachverhalt übersichtlich darstellt. Hiermit wird unter den Beteiligten eine hohe Transparenz und ein gemeinsames Verständnis geschaffen. Es bleibt an dieser Stelle aber nicht bei der Visualisierung. KANBAN lädt zu einem offenen Dialog und interaktiven Zusammenarbeit

---

210 Ebd., S. 263–264.
211 Ebd., S. 260.

ein. Hinter der Karte können dabei wesentliche Informationen gesammelt und bereitgestellt werden.

Portfolio-KANBAN ist ebenfalls Teil des SAFe. „Das Scaled Agile Framework (SAFe) hat den Anspruch, Agilität im Unternehmensumfeld zu realisieren."[212] Es bietet ein Rahmenwerk für die Skalierung der agilen Vorgehensweise von der Strategie bis zur Team-Ebene. Im SAFe wird Kanban in der gesamten Hierarchie genutzt. Dies beinhaltet Portfolio, Solution, Programm und Team. Portfolio-Kanban bildet die höchste Ebene.[213]

212 Christoph Mathis, *SAFe das Scaled Agile Framework: Lean und Agile in großen Unternehmen skalieren. Mit einem Geleitwort von Dean Leffingwell. SAFe 4.5 inside*, Heidelberg: dpunkt.verlag, 2018.

213 Ebd.

Reflexionsfragen Kapitel 7

Frage
Welche Auswirkung hätte die ausschließliche Nutzung von KANBAN in einem starken Projekt-Umfeld?
Was wären die Vor- und Nachteile des Einsatzes von Scrum bei der Einführung der Reporting-Lösung?
Wie würde ein Team ohne Projekt-Erfahrung auf die Nutzung eines PM-Standards im Projekt reagieren?
Welche Erfahrungen haben Sie mit einem Mangel an Struktur gemacht?
Welche Auswirkungen würden sich bei dem Projekt im agilen Umfeld durch eine Sprintdauer von drei Monaten ergeben?
Wie sind Ihre Erfahrungen mit der Umsetzung von langfristigen internen Themen?

Frage
Sind aus Ihrer Erfahrung „Quick Wins" wirklich so schnell wie der Name sagt?
Welche Prozesse haben innerhalb Ihrer Organisation die größte Bedeutung für den langfristigen Erfolg?
Welche Vorteile bietet die Durchführung von zwei Meetings im Fire Fighting-Szenario?
Mussten Sie, obwohl es eigentlich „brennt", Anfragen bezüglich des Status beantworten anstatt an der Lösung zu arbeiten?
Wie könnte der Einsatz von KANBAN bei Ihrer Arbeit gestaltet werden?
Wie sieht das Backlog in Ihrem Personal Kanban Board aus?

Die Reihe an Beispielen demonstriert aus meiner Sicht eine große Stärke von KANBAN. Es ist die Flexibilität und Vielseitigkeit. Dies ermöglicht eine Ausweitung innerhalb der gesamten Organisation, unabhängig von Bereich, Funktion, Prozess oder Region. Damit wird eine Basis für eine neue gemeinsame Arbeitsweise geschaffen.

8. KANBAN IT-Tools: Anwendungen auswählen und nutzen

Neben dem Einsatz des analogen KANBAN-Boards wurde eine Vielzahl an Tools entwickelt, um KANBAN elektronisch abzubilden. Der Einsatz dieser Tools kann parallel zum analogen KANBAN-Board erfolgen oder als zentrales Instrument genutzt werden. Auch wenn eine große Stärke von KANBAN im täglichen Stand-up Meeting und dem wirklichen Bewegen der Karten liegt, bietet die digitale Form einige Vorteile. Dies gilt insbesondere für die Arbeit von verteilten Teams. Die digitale Form ermöglicht den weltweiten Zugriff. Änderungen am Board können einfacher durchgeführt werden und die Ermittlung von Kennzahlen kann automatisiert erfolgen.

Für den ersten Einstieg sollten die Anforderungen an das Tool vor allem eins sein: einfach, einfach, einfach. Einfach zu installieren, einfach zu konfigurieren und einfach zu benutzen. Dies folgt dem Kanban-Grundprinzip: Beginne dort wo du dich im Moment befindest. Eine langwierige Tool-Auswahl, Implementierung und ein Training würden hier nicht passen.

Im zweiten Schritt kommen natürlich noch weitere Anforderungen mit dazu, die einen langfristigen stabilen Einsatz ermöglichen. Hier kommen Fragestellungen der Sicherheit und des Supports und der organisationsweiten Nutzung hinzu.

In diesem Kapitel werden zunächst die Grundfunktionalitäten aufgeführt. Daraufhin wird ein Einblick in den derzeitigen Markt gegeben. Die Auswahl an möglichen Anbietern ist auf den ersten Blick erschlagend. Bei der Software-Suche über Capterra werden 919 Produkte für das Projektmanagement und in der Kategorie Kanban-Tool 62 Ergebnisse geliefert.[214] Die Tools unterscheiden sich dabei teilweise deutlich bei der Funktionalität, aber auch bei den Kosten.

Eine Systematisierung und Analyse wesentlicher Anbieter unterstützt eine erste Vorauswahl. Eine detaillierte Darstellung aller Anbieter und Tools kann und soll an dieser Stelle nicht erfolgen. Hierfür ist der Software-Markt in diesem Umfeld zu dynamisch.

Die ausgewählten Tools werden mit ihren Funktionalitäten beispielhaft aufgeführt. Für die Analyse und Beschreibung der Tools wird auf bestehende Zusammenfassungen und Bewertungen, die Informationen der Anbieter sowie vorliegende Erfahrungen zurückgegriffen. Der Schwerpunkt der Betrachtung bilden die angebotenen KANBAN-Funktionalitäten.

---

214 Capterra, *Kanban Tools*, 2020, https://www.capterra.com.de/directory/31580/kanban-tools/software, zuletzt aufgerufen im Februar 2021.

8.1. Grundfunktionen KANBAN IT-Tools

Die Grundfunktionen der KANBAN-Tools ergeben sich aus der Gestaltung des KANBAN-Boards sowie des -Systems, wie es in Kapitel 3 und 4 beschrieben wird.

Zentrale Funktion eines IT-Tools ist das KANBAN-Board. Das Board kann recht einfach gestaltet sein. In den einfachsten Fällen werden nur Listen mit einem Status verwendet. KANBAN-Boards können aber auch flexibler und individueller gestaltet werden, mit einem Modell des Prozesses, mehren Swimlanes oder parallelen Prozessen. Darüber hinaus kann es notwendig sein, mehrere Boards miteinander zu verknüpfen.

Auch für die Karten gibt es eine recht einfache Grundfunktionalität. Diese beinhaltet das Einfügen einer Beschreibung, die Zuordnung eines Verantwortlichen, Kategorisierung der Aufgabe und die Angabe eines Fälligkeitstermins. Zusätzlich können einzelne Aktivitäten noch mit Checklisten abgebildet werden. Daneben gibt es Zusatzfunktionen wie die Verknüpfung von Karten in Eltern-Kind-Beziehungen oder mit Vorgänger und Nachfolger.

Ein wesentliches Element im KANBAN-System bzw. eine Kerneigenschaft ist die Limitierung des Work in Progress. Dieser wird auch im Board in einem gesonderten Feld angezeigt. Über definierte Regeln können Überschreitung von WIP-Limits zu Aktionen z. B. einer Benachrichtigung führen. Zur Abbildung der Kapazitäten müssen die Ressourcen sowie deren verfügbare und verbrauchte Zeit im System gepflegt werden. Hierfür werden Funktionen für die Zeiterfassung auf Aufgaben-Ebene benötigt.

Um den Fluss der Arbeit zu messen und die Weiterentwicklung zu unterstützen, werden Analyse-Funktionalitäten benötigt. Um diese Analysen durchführen zu können, muss der Verlauf des Projektes und der einzelnen Aufgaben und Aktivitäten gespeichert werden. Nur die Aufzeichnung von Änderungen ermöglicht es den Verlauf dazustellen und auf Basis der Daten Berichte und Dashboards zu erstellen. Dabei können Standard-Kennzahlen und Berichte oder individuell Gestaltetes genutzt werden.

Die Grundfunktionen eines KANBAN IT-Toos können gegliedert werden in Basis-Funktionalitäten und erweiterte Funktionalitäten. Die Basis-Funktionalitäten reichen soweit, dass man überhaupt noch von KANBAN sprechen kann. Die erweiterten Funktionalitäten decken die Anforderungen vollständig ab. Die Grundfunktionen sind mit einer kurzen Beschreibung in der folgenden Übersicht in Abbildung 64 zusammengefasst. Die Übersicht bildet eine Auswahl, aber keine vollständige Liste aller möglichen Features ab.

Neben den KANBAN-Grundfunktionen gibt es weitere Funktionen, die eine sinnvolle Ergänzung bieten und die tägliche Arbeit unterstützen. Dies betrifft insbesondere die Kommunikation über Chat oder Video oder Benachrichtigungsfunktionen sowie die Verwendung und das Management von Dokumenten. Neben der Anwendung des Boards können alternative Formen der Darstellung wie Gantt-Diagramme oder Listen eingesetzt werden.

	Bereich	Funktion	Beschreibung
Basis	Board	Einfache KANBAN-Boards	Im System werden Vorlagen für Standard Boards angeboten.
	Board	KANBAN-Karten	Für Karten können Beschreibung, Termine und Verantwortliche… gepflegt werden.
	Board	Filtern, Suchen, Sortieren	Aufgaben können durch Filtern, Suchen oder Sortieren ermittelt werden.
	Resourcen	Teams	Teams können im System gepflegt werden.
Erweitert	Board	Flexible KANBAN-Boards	Die Boards können frei gestaltet werden: Modellierung Workflow, Status, Swim-Lanes…)
	Board	Hierachische KANBAN-Boards	Mehre Boards können miteinander verknüpft werden.
	Board	Alternative Darstellungsformen	Aufgaben können in alternativen Darstellungsformen (Liste, GANTT…) gepflegt und angezeigt werden.
	Karten	Flexible KANBAN-Karten	Die Karten können individuell gestaltet und Felder hinzugefügt werden.
	Karten	Verknüpfung KANBAN-Karten	Karten können in einer Hierarchischen Beziehung miteinander verknüpft werden.
	Karten	Verwendung Service-Klassen	Die Aufgaben können mit Hilfe von Service-Klassen priorisierte werden.
	Work in Progress	WIP-Limits	Limits können auf unterschiedlichen Ebenen gepflegt und angezeigt werden.
	Work in Progress	WIP-Limit (Alert)	Bei einer Überschreitung von WIP-Limits erfolgt eine automatische Benachrichtigung.
	Ressourcen	Mitarbeiter	Mitarbeiter und die verfügbare Kapazität können im System hinterlegt werden.
	Ressourcen	Zeiterfassung	Die benötigte Arbeitszeit pro Arbeits-Einheit kann im System gepflegt werden.
	Messung	Daten-Speicherung	Historische Daten werden im System gespeichert und stehen für das Reporting zu Verfügung.
	Messung	Standard-Kennzahlen	Das System stellt ein Set an Standard-Kennzahlen bereit.
	Messung	Selbstdefinierte Kennzahlen	Im System können weitere Kennzahlen frei definiert werden.
	Messung	Grafiken	Das System unterstützt die graphische Darstellung.
	Messung	Standard Reports	Das System bietet ein Set an Standard-Reports.
	Messung	Selbstdefinierte Reports	Im System können weitere Reports frei definiert werden.
	Messung	Dashboards	Das System bietet Dashboard-Funktionalitäten.

Abbildung 64: Übersicht Grundfunktionen KANBAN IT-Tool
(eigene Darstellung)

8.2. Übersicht KANBAN IT-Tools

Um KANBAN IT-seitig zu unterstützen, wurde in den letzten Jahren eine Reihe von Tools entwickelt bzw. um KANBAN-Funktionalitäten zu ergänzen. Es lassen sich vier Haupt-Gruppen herausarbeiten, die im Folgenden betrachtet werden. Dies sind reine KANBAN-Tools, Projekt Management Tools, Plattformen für das kollaborative Arbeitsmanagement und Tools für das agile Management. Die Übergänge bei den einzelnen Kategorien sind hierbei durchaus fließend. Gerade Board-Funktionalitäten finden sich aber auch in anderen Lösungen.

Die erste Gruppe sind reine KANBAN-Tools. Diese tragen oft schon einen Hinweis im Namen. Die Funktionalität fokussiert sich dabei auf KANBAN. Dies reicht von einfachen Tools, die einfach nur ein KANBAN-Board anbieten, bis hin zu umfangreichen Funktionalitäten.

Die zweite Gruppe sind „klassische" Projektmanagement-Tools. Diese werden um agile und KANBAN Funktionalitäten erweitert. Damit bieten diese die Möglichkeit der Unterstützung von klassischen und hybriden Projektmanagement-Ansätzen.

Die dritte Gruppe sind Plattformen für das kollaborative Arbeitsmanagement. Diese beinhalten eine ganze Reihe an Funktionalitäten für klassische und auch agile Projekte. Der Fokus liegt aber auf der Stärkung der Zusammenarbeit.

Die vierte Gruppe haben den Fokus auf dem agilen Management. Gartner gruppiert diese als *Enterprise Agile*

Planning Tools ein. Diese Systeme haben den klaren Fokus auf den agilen Ansätzen und somit auch einen starken Bezug zu KANBAN.

8.2.1. KANBAN-Tools

Bei der Gruppe der KANBAN-Tools liegt der Fokus der Funktionalität klar bei KANBAN. Für Anwender, die rein diese Funktionalität benötigen, ist dies eine große Stärke. Die Fokussierung macht den Einstieg einfach und bietet eine hohe Abdeckung der aufgeführten Grundfunktionen. In dieser Kategorie werden die Tools Trello von Atlassian, MeisterTask und Kanbanize ein wenig genauer betrachtet.

Atlassian Trello

Das 2002 in Australien gegründete Unternehmen Atllassian hat sich zu einem führenden Anbieter von Lösungen für Team-Arbeit entwickelt. Zu den Lösungen gehören neben Trello und Jira ebenfalls die etablierte Kollaborationsplattform Confluence. „Unser Ziel ist es, allen Teams hervorragende Produkte, Methoden und offene Arbeitsweisen zugänglich zu machen."[215]
Trello ist eines der bekanntesten (KANBAN-)Tools, auch wenn man das Wort KANBAN auf der Homepage vergeblich sucht. Trello nutzt eine gezielt offene Gestaltung. Es werden neben professionellen Zielgruppen auch private Interessen wie der Familienurlaub adressiert. Ziel ist es, besser zusammenzuarbeiten und mehr zu erledigen. Die folgende Aussage fasst die Ausrichtung recht gut zu-

---

215 Atlassian, Unternehmen, 2020, https://www.atlassian.com/de/company, zuletzt aufgerufen im Februar 2021.

sammen: „Mit den Boards, Listen und Karten von Trello können Sie Ihre Projekte auf lustige, flexible und lohnende Weise organisieren und priorisieren."[216]

Die Registrierung ist einfach und es wird eine kostenfreie Einstiegsversion geboten. Es werden gut aufbereitete Unterlagen für die ersten Schritte angeboten. Innerhalb von wenigen Minuten ist man in der Lage, ein Board zu erstellen und zu navigieren. Das Look and Feel ist sehr intuitiv und angenehm.

Boards können auf Basis von Vorlagen aus unterschiedlichsten Bereichen erstellt oder neu angelegt werden. Beim Board-Design kann aus vordefinierten Hintergrundbildern oder Farben ausgewählt werden. Es kann auch die Zuordnung zu einem festen Team erfolgen.

Die Anlage der Spalten erfolgt über Listen. Hierbei müssen, um Prozesse abzubilden, Prozess-Schritt und Status zusammengefasst werden. Eine Nutzung von Swimlanes oder parallelen Prozessen ist nicht möglich.

Innerhalb der Listen können dann die Karten hinzugefügt werden. Die Karte enthält dabei einen Titel, eine Beschreibung, Mitglieder und kann auch mit einem Fälligkeitsdatum versehen werden. Für untergeordnete Aktivitäten kann eine Checkliste eingefügt werden. Für eine Zuordnung von Fälligkeiten oder Mitgliedern wird ein Upgrade benötigt.

Neben der Board-Funktionalität bietet Trello mit dem „Butler" Möglichkeiten, Regeln zu definieren, Buttons einzufügen oder Liefertermine zu planen.

Der zunächst übersichtliche Funktionsumfang kann durch umfangreiche Erweiterungsfunktionen, sogenannte „Po-

---

216 Atlassian, Trello, https://trello.com/, zuletzt aufgerufen im Februar 2021.

werUps", die von Drittanbietern bereitgestellt werden, wie Verlinkung von Karten, Reports und Dashboards, Gant-Charts ... erweitert werden.

Trello ermöglicht einen herrlich einfachen Einstieg in die Verwendung von Boards. Ein einfaches Board mit Karten ist innerhalb von wenigen Minuten erstellt. Über Erweiterungen können die Funktionalitäten noch erweitert werden. Bei dem umfangreichen Angebot an kostenfreien und kostenpflichtigen Angeboten ist die Auswahl aber nicht einfach.

MeisterTask

Das deutsche Unternehmen Meister wurde 2006 gegründet. Das Unternehmen schafft Lösungen für eine kreative Zusammenarbeit unter dem Motto: „Make Teamwork Fun." Neben MeisterTask bietet das Unternehmen das verbreitete Tool MindMeister an.[217] MeisterTask bietet eine einfache, aber hochanpassungsfähige Lösung für das agile Arbeiten. Es werden in der Pro-, Business- und Enterprise-Version umfangreiche, gut durchdachte Features vom Board bis zur Analyse geboten. Dies beinhaltet u.a. Boards, Übersichten, Filter, Timeline, WIP, Automatisierung, Time Tracking, Stichtage, Verknüpfung von Aufgaben, Anhänge, Dashboards, Reports und Kommunikation ... Interessant kann neben der Funktionalität auch das Hosting in Frankfurt sein.

Der Funktionsumfang der kostenfreien Basis-Version ist nicht ganz so umfangreich und recht gut mit Trello vergleichbar. Als nettes zusätzliches Feature können für jede Spalte Icons eingefügt werden, wie in Abbildung 67 erkennbar ist.

---

217 Meister, https://www.meisterlabs.com/, zuletzt aufgerufen im Februar 2021.

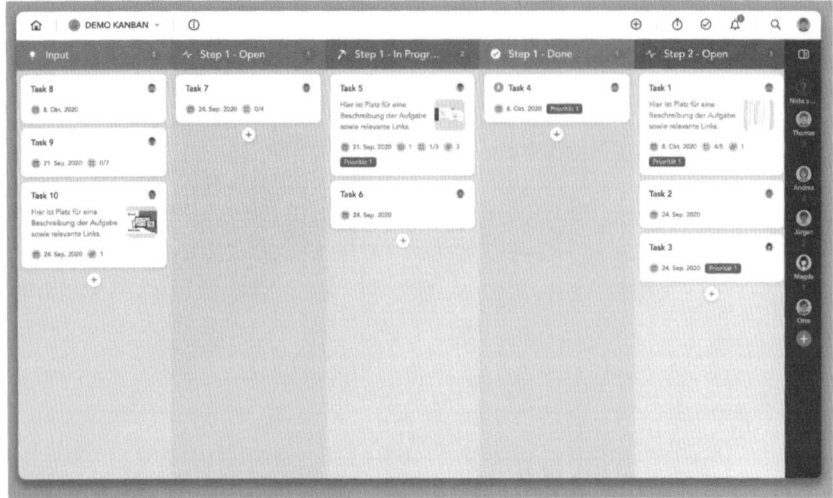

Abbildung 67: MeisterTask Demo KANBAN-Board
(MeisterLabs)

Auch bei den Karten, wie in Abbildung 68, fällt der Unterschied der Basis-Version im Vergleich zu Trello gering aus. Auch hier können Karten erstellt, ein Fälligkeitstermin gesetzt und detaillierte Aktivitäten mit einer Checkliste dokumentiert werden.

Ein deutlicher Vorteil bei MeisterTask liegt beim einfachen Einstieg mit der kostenfreien Version mit reduziertem Funktionsumfang und dann der gezielten Erweiterung zur Pro-, Business- und Enterprise-Version. Die deutsche Herkunft des Anbieters kann die Kommunikation erleichtern.

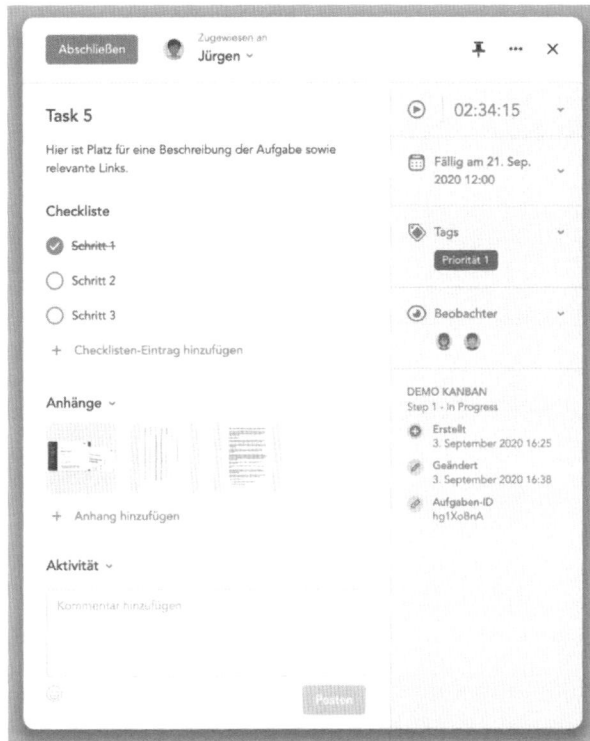

Abbildung 68: MeisterTask Demo:
KANBAN-Karte (MeisterLabs)

Kanbanize

Das bulgarische IT-Unternehmen Businessmap Ltd. bietet mit Kanbanize eine Lösung für das agile Management an. „We are on this planet to help people do meaningful work and by that accelerate innovation"[218] Kanbanize beinhaltet zwei Lösungen. Neben einer Lösung zur Nutzung von Kanban im Team gibt es Bausteine, um Kanban zu skalieren (Portfolio).

218 Kanbanize, https://kanbanize.com, zuletzt aufgerufen im Februar 2021.

Abbildung 69: Kanbanize Demo: KANBAN-Board[219]

Kanbanize deckt den Funktionsumfang für KANBAN vollständig ab. Hinzu kommen die Portfolio-Funktionalitäten. Der Funktionsumfang beinhaltet u.a. Kanban-Boards, mehrere Workflows, eine Zeitstrahl-Sicht, Board-Übersichten, die Verlinkung von Karten, die Definition von Business-Regeln, eine Zeiterfassung und Analyse-Funktionen.[220]

Der Einstieg in ein Tool wie Kanbanize ist deutlich anspruchsvoller als bei beispielsweise Trello. Zwar ist die Bedienung auch intuitiv, es gibt aber schlichtweg mehr Einstellungsmöglichkeiten. Es lohnt sich auch hierfür durchaus ein Blick in die gut aufbereitete Dokumentation und auf Schulungsangebote zu werfen.

Ein einfaches Board ist aber auch bei Kanbanize in wenigen Minuten erstellt. Hierfür muss der Prozess als Workflow angelegt werden. Bei Kanbanize wird unterschieden in Initiativen- und Card-Workflows. Die Initiativen dienen als Übersicht und bündeln mehre Card-Workflows.

---

219 Ebd.
220 Ebd.

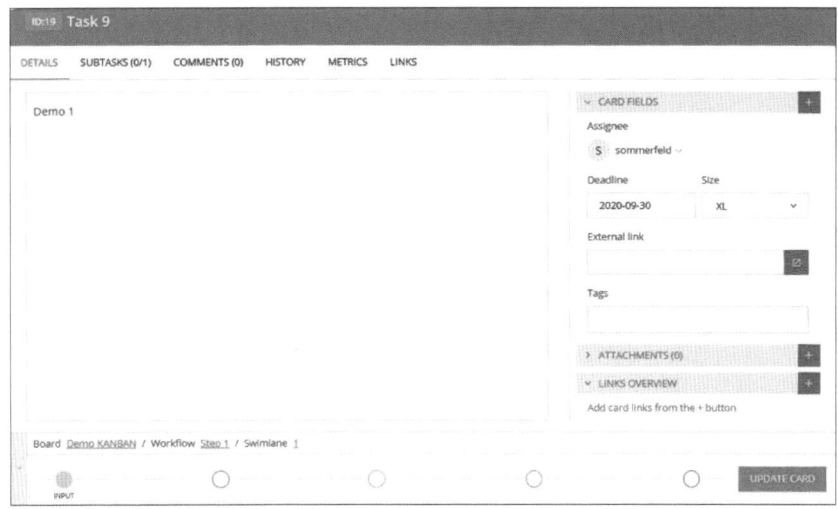

Abbildung 70: Kanbanize Demo: KANBAN-Karte
(Eigene Darstellung unter Nutzung von Kanbanize)[221]

Die Anlage der Workflows erfolgt auf Basis einer festen Struktur. Hierbei können Spalten und Zeilen freivergeben werden. Ein Zusammenführen oder Teilen von Spalten ist auch möglich. Bei Anlage der Schritte des Workflows können auch direkt WIP-Limits definiert und Service-Klassen festgelegt werden. Das auf Basis des Workflows definierte Board wird in Abbildung 69 gezeigt.
Innerhalb des Boards können dann die Karten eingefügt werden. Jede Karte erhält automatisch eine Nummer. Zu jeder Karte kann der Name und eine Beschreibung eingefügt werden. Zusätzlich kann der Verantwortliche eingetragen und der Fertigstellungstermin dokumentiert werden. Dies kann ebenfalls für Sub-Tasks, die in der Karte

221 Ebd.

aufgeführt werden, erfolgen. Eine einfache Karte ist in Abbildung 70 dargestellt.

Für die Karten können Abhängigkeiten angelegt werden. Dies betrifft Eltern-Kind-Beziehungen oder Vorgänger und Nachfolger. Zu jeder Karte wird auch eine vollständige Historie und Metriken angeboten, die dann auch als Basis für weitere Analyse-Funktionen dienen.

Um den Ablauf zu unterstützen, können Business-Regeln definiert werden. Auf Basis der Regeln werden dann beispielsweise automatisiert Nachrichten versendet. Die Erstellung der Regeln erfolgt auf Basis von vordefinierten Set-ups mit einer einfachen Konfiguration.

8.2.2. Projekt Management Tools

Die Auswahl an Projekt Management Tools ist riesig. In den meisten Organisationen haben sich hierfür Tools etabliert. Bei vielen Produkten sind neben den Funktionen für die klassische Projekt-Planung, Funktionen für die Zusammenarbeit und auch agile Ansätze hinzugekommen. Damit kann der Einsatz dieser Tools für hybride Vorgehensweisen eine passende Wahl darstellen. Aus der breiten Auswahl werden an dieser Stelle Microsoft Project und ProjectManager.com und deren KANBAN-Funktionalitäten vorgestellt.

Microsoft Project

Microsoft muss an dieser Stelle nicht groß vorgestellt werden. Die Office-Lösungen von Microsoft und viele weitere Tools haben sich bei vielen Organisationen etabliert. Auch die Projektmanagement-Lösung von Microsoft ist ein vielfach eingesetztes Werkzeug.

Microsoft Project repräsentiert hierbei stark das Vorgehen der plangetriebenen Vorgehensweise. Aber auch „Microsoft Project wird agil".[222] Microsoft bietet als zusätzliche Ansicht die Funktionalität eines Boards an sowie Karten zu erstellen und anzupassen. Daneben können auch Sprints angezeigt und verwaltet werden. Die agilen Funktionen sind dabei vollständig integriert in die bestehende Funktionalität und können einzeln oder auch parallel genutzt werden.[223] Dies ermöglicht eine hybride Vorgehensweise und möglicherweise einen einfachen Einstieg in neue Arbeitsansätze.

ProjectManager.com

ProjectManager.com wurde 2008 in Neuseeland gegründet. Im Jahre 2010 wurde die erste Version auf den Markt gebracht. In den vergangenen zehn Jahren hat sich das Tool zu einem vielfach ausgezeichneten PM-Werkzeug entwickelt.[224] Das Werkzeug verfügt über umfangreiche Funktionalitäten für das Projektmanagement. Dies sind u.a. Planung und Terminierung, Gant-Charts, Dashboards und Reports.

---

222 Microsoft, 2020, https://www.microsoft.com/de-de/microsoft-365/project/project-management-software?market=de, zuletzt aufgerufen im Februar 2021.

223 Microsoft, https://support.microsoft.com/de-de/office/verwenden-von-aufgaben-tafeln-in-microsoft-project-online-desktop-client-1b9b44d7-fd8e-4b3b-ab94-2b97deb9945b?culture=de-de&country=de&ui=de-de&rs=de-de&ad=de, zuletzt aufgerufen im Februar 2021.

224 ProjectManager.com, https://www.projectmanager.com/, zuletzt aufgerufen im Februar 2021.

Neben dem plangetriebenen Projektmanagement bietet das Tool auch Features für agile Methoden und Kanban. Der Fokus der Funktionalität liegt in der Visualisierung mit einem Kanban-Board. Daneben können die bestehenden Reporting-Funktionalitäten genutzt werden.[225]

8.2.3. KollaborativeArbeitsmanagement-Plattformen

Plattformen für das kollaborative Arbeitsmanagement fassen Funktionen zusammen, die für die neue Form der kollaborativen Arbeit benötigt werden. Hierbei sind diese von einer einfachen bzw. „leichtgängigen" Gestaltung. Die Einstellung und Bedingung ist intuitiv. Die Tools fokussieren sich gezielt auf die Prozesse und Projekte von unterschiedlichen Teams wie Entwicklung, Marketing oder Finanzen. Es wird eine breite Palette an nützlichen Funktionen für die Zusammenarbeit geboten, die einfach durch den Anwender erstellt und angepasst werden können. (Kanban-) Boards werden in diesen Tools für die Visualisierung der Arbeit genutzt. Auch Microsoft zieht in diesem Bereich nach und erweitert mit Outlook Spaces den Funktionsumfang von Microsoft 365.[226]

Der weitere Funktionsumfang der Tools ist recht unterschiedlich. Dieser reicht von einem Fokus auf die Zusammenarbeit in Projekten, wie bei Asana und Wrike, über weitere Funktionen für die Zusammenarbeit, wie bei ClickUp, Monday.com, samepage oder Bitrix24.

225 Ebd.

226 Lisa Schell, *Alle Projekte im Blick: Preview von Outlook Spaces verfügbar*, 2020, https://news.microsoft.com/de-de/preview-outlook-spaces-verfuegbar/, zuletzt aufgerufen im Februar 2021.

Diese Form der Tools eignet sich insbesondere, wenn die Zusammenarbeit gestärkt werden soll – und dies unabhängig vom Funktionsbereich und dem gewählten Projektmanagement-Ansatz oder -Prozessen. Interessant können die Lösungen sein, wenn für Fragestellungen wie Dokumenten-Management oder Kommunikation noch keine Software in der Organisation verfügbar ist.

Beispielhaft werden in dieser Kategorie die Tools Monday.com, Asana und Bitrix24 vorgestellt.

Monday.com

Das israelische Unternehmen wurde 2012 gegründet. Seit 2014 ist das Produkt Monday.com auf dem Markt. Das Unternehmen stellt bei Ihrer Software die Zusammenarbeit in den Vordergrund.[227]

Der Aufbau der Software ist baukastenartig. Aus Vorlagen und Baublöcken können intuitiv eigene Lösungen erstellt werden. Daneben wird ein Framework zur Entwicklung eigener Apps bereitgestellt.

Ein zentrales Element zur Strukturierung der Arbeit bieten Boards. Diese bilden einen Hauptbaustein der Lösung. Daneben kann – mit Hilfe von einfachen Regeln – der Workflow automatisiert werden. Mit Hilfe von individuellen Berichten und Dashboards können die Daten aufbereitet und analysiert werden.

Asana

Asana entwickelt Software, bei der die Zusammenarbeit von Teams im Vordergrund steht. Bei der Lösung steht

227 monday.com, https://monday.com, zuletzt aufgerufen im Februar 2021.

kollaboratives Projektmanagement und Aufgaben-Management im Fokus.

Eine Komponente der Asana-Lösung sind Kanban-Boards online. Die Boards helfen, Arbeitsanfragen zu verwalten, den Workflow zu organisieren, Roadmaps zu erstellen und Ziele zu sortieren. Asana verfügt über umfangreiche Board-Funktionalitäten und ermöglicht die flexible Gestaltung von Karten. Funktionen zur Ressourcen-Steuerung, WIP und Reporting sind allerdings eingeschränkt.[228]

Im ersten Schritt wird in Asana ein Projekt angelegt. Dies kann über ein leeres Projekt oder eine Vorlage erfolgen. Für das Projekt wird dann die „Standardansicht" ausgewählt. Als Optionen werden Liste, Board, Zeitleiste und Kalender (beide Premium) angeboten.

Die Erstellung des Boards ist dann ähnlich einfach wie bei Trello. Auch bei Asana kann in der Basis-Version kein Status vergeben werden und die Zeilen nicht als Swimlanes genutzt werden.

Innerhalb des Board können dann die Karten erstellt und via Drag & Drop verschoben werden. Für Karten und auch Unteraufgaben können Fälligkeitsdatum und Verantwortliche sowie eine Beschreibung eingepflegt werden.

Hilfreich bei einem vollen Board sind auch die Möglichkeiten der Sortierung und Filterung sowie der Darstellung im Listen-Format. Für die Verwendung von Zusatzfeldern, wie Status oder Prioritäten oder Regeln, ist ein Upgrade erforderlich.

228 asana, 2020, https://asana.com/de, zuletzt aufgerufen im Februar 2021.

Bitrix24

Das US-amerikanische Unternehmen Bitrix hat 2008 Bitrix24 als Lösung für das Intranet herausgebracht. Die Kollaborations-Plattform umfasst über 35 Tools. Die Tool-Palette beinhaltet u.a. Kommunikations-Tools wie Chat und Video oder Dokumenten-Management, CRM-Tools, Contact Center, Tools für Webseiten und auch Tools für das Projekt- und Aufgaben-Management. Kanban ist ein Werkzeug, welches für das Aufgaben-Management angeboten wird.[229] Bitrix24 bietet aufgrund der umfangreichen Tools eine Plattform, die viele Möglichkeiten bei der Zusammenarbeit bietet.

Die Anlage eines einfachen Boards funktioniert bei Bitrix24 intuitiv und ist innerhalb von wenigen Minuten durchgeführt. Das umfangreiche Angebot an weiteren Funktionen und Menü-Punkten macht die Navigation an manchen Stellen etwas schwieriger. Die genutzten Funktionen können allerdings auf Projekt-Ebene eingeschränkt werden. Beim Design des Boards gibt es dann Restriktionen bei der Anlage von Swimlanes oder zusammengefassten Zeilen. Neben der Darstellung der Aufgabe im Board können die Aufgaben auch als Liste, nach Frist oder als Gantt-Chart angezeigt und bearbeitet werden.

Für die Aufgaben werden Karten verwendet. Die Karten können mit einer Beschreibung, Frist, Priorität, einem Verantwortlichen, Mitwirkenden und Anhängen versehen werden. Bei der Checkliste für Aktivitäten ist es möglich, eine Gliederung einzufügen. Zu den Karten können Sub-Karten angelegt werden. Für jede Karte wird eine voll-

---

229 Bitrix inc., https://www.bitrix24.com/, zuletzt aufgerufen im Februar 2021.

ständige Historie gespeichert. Daneben können die Bearbeitungszeiten erfasst werden.

Bitrix24 bietet auch Möglichkeiten, Abläufe, wie z. B. Freigaben, über Regeln zu automatisieren. KANBAN-Funktionalitäten – wie WIP-Limits oder spezifische Reports – werden allerdings nicht geboten.

8.2.4. Enterprise Agile Planning Tools

Enterprise Agile Planning Tools sind – wie der Name schon sagt – für den unternehmensweiten Einsatz konzipiert. Der Hintergrund der Werkzeuge liegt in der agilen Software-Entwicklung. Insbesondere Frameworks wie Scaled Agile Framework® (SAFe) werden mit den Tools unterstützt. Die Tools verfügen ebenfalls über umfangreiche Funktionalitäten für den Einsatz bei KANBAN.

Sollte sich eines der Tools bereits in der Organisation etabliert haben oder es wird eine Alternative zur Unterstützung unterschiedlicher agiler Methoden gesucht, stellen die Tools eine sinnvolle Alternative dar. Ansonsten wären diese eher für den Einstieg „überdimensioniert".

Im „Magic Quadrant 2020" von Gartner für Enterprise Agile Planning Tools werden Systeme von 16 Anbietern untersucht. Gartner nimmt die folgende Bewertung vor:

Leaders: Atlassian, Broadcom, CollabNet VersionOne, Planview, Targetprocess

Challengers: Microsoft, ServiceNow

Visionaries: Blueprint, GitLab

Niche Players: Digité, Favro, IBM, Inflectra, Micro Focus, Siemens, TCS[230]

An dieser Stelle werden die Tools Jira, LeanKit und Target-process kurz vorgestellt und in Bezug auf ihre KANBAN-Funktionalität betrachtet.

Atlassian Jira

Das zweite Produkt von Atlassian, dem Anbieter von Trello, ist Jira. Jira verfolgt hierbei einen anderen Fokus als Trello. Jira ist die Nummer eins unter den Entwicklungstools für agile Teams. Das Tool fasst methodenunabhängig wesentliche Funktionen für die agile Zusammenarbeit zusammen. Mit Jira Align wird auch das agile Management auf Unternehmensebene unterstützt. Jira verfügt über eine große User-Community und umfangreiche Support-Angebote.

Jira enthält die wesentlichen KANBAN-Funktionen und bietet darüber hinaus noch Werkzeuge für die Automatisierung von Abläufen an. Die Funktionen umfassen Kanban-Boards, Übersichten (Roadmaps), Berichtsfunktionalitäten, Automation usw.[231]

Planview – LeanKit

Planview ist ein auf Portfolio- und Work Management spezialisierter Software-Anbieter aus Austin.

Innerhalb der Enterprise Agile Planning-Lösung bietet PlanView die Komponente LeanKit an. Inhalt von LeanKit

---

230 Deacon D.K. Wan, "Magic Quadrant for Enterprise Agile Planning Tools," https://blogs.gartner.com/deacon-wan/2020/04/23/magic-quadrant-for-enterprise-agile-planning-tools/, accessed August 2020, zuletzt aufgerufen im Februar 2021.

231 Atlassian, https://www.atlassian.com/de/software/jira/features, zuletzt aufgerufen im Februar 2021.

sind auch spezifische KANBAN-Funktionalitäten. Planview bietet mit LeanKit ein umfassendes Angebot an KANBAN-Features. Die Anwendung ist sowohl für einzelne Teams als auch weitere Teile der Organisation nutzbar. Die Funktionen umfassen Prozess- und Arbeitsvisualisierung, Kanban-Boards, Echtzeit-Arbeitsstatus, Risikoidentifizierung, teamübergreifende Arbeitsverknüpfungen, Work in Process, Arbeitsplanung und -bereitstellung, komplexes Prozess-Mapping, Prozessrichtlinien, kontextuelle Zusammenarbeit, Status und Verlauf von Work-Items, Analysen, Berichtsfunktionen, Suche und Filter, usw.[232]

Targetprocess
Das 2004 in den USA gegründete Unternehmen hat sich auf IT-Systeme zur Unterstützung der agilen Software-Entwicklung spezialisiert. *„We don't just make agile software — it's how we built our company."* Die Produkte von Targetprocess unterstützen unterschiedliche agile Frameworks, wie SAFe oder LeSS, von der Strategie bis zu Umsetzung.
Targetprocess bietet mit dem KANBAN-Online Tool eine Möglichkeit für Teams, mit KANBAN zu arbeiten. Das Tool verfügt über umfangreiche Funktionalitäten wie die Visualisierung der Arbeit mit individuellen Boards und Karten, WIP-Limits, Fluss Diagramme, Anzeige von blockierten Aufgaben uvm.

232 Planview, https://www.planview.com/de/products-solutions/products/leankit/ zuletzt aufgerufen im Februar 2021.

8.3. Fazit Tool-Auswahl

Das Beste KANBAN-Tool gibt es nicht. Es gibt aber eine ganze Reihe an wirklich guten, ansprechenden Produkten. Viele der Tools bieten – neben der KANBAN-Nutzung – noch weitere Funktionalitäten. Es kommt bei der Auswahl darauf an, wo man herkommt und noch mehr, wo man hinmöchte.

Die Kanban-Grundprinzipien finden auch bei der Tool-Auswahl und Nutzung Anwendung:

1. *Beginne dort, wo du dich im Moment befindest,*
2. *Komme mit den anderen überein, dass inkrementelle, evolutionäre Veränderungen angestrebt werden,*
3. *Respektiere den bestehenden Prozess sowie existierende Rollen, Verantwortlichkeiten und Berufsbezeichnungen.*[233]

Nach Prinzip 1 muss die Ausgangssituation bei der Auswahl beachtet werden. Hier gilt es, die folgenden Fragen zu beachten: *Welche Erfahrungen liegen im Team und der Organisation vor? Ist bereits ein bestimmtes Werkzeug wie beispielsweise MS Project oder eine andere Software im Einsatz? Nutzt man schon eine Plattform wie G-Suite oder Atlassian Confluence?*

Prinzip 2 spricht dagegen, im ersten Schritt alle möglichen Funktionalitäten und Möglichkeiten zu nutzen, die die Tools bieten. Es können zunächst Erfahrungen gesammelt und dann in kleinen Schritten nach und nach die

---

233 David J. Anderson, *Kanban: Evolutionäres Change Management für IT-Organisationen*, Heidelberg: dpunkt-Verl., 2011, S. 19.

Funktionalitäten ergänzt werden. Damit kann ein einfacher, schneller Einstieg erfolgen. Zum Einstieg kann es vorteilhaft sein, mit einem einfachen kostenfreien Tool zu starten. Die Reduktion an Funktionalität beschleunigt bei den intuitiven Tools den Einstieg enorm. Es gibt auch keinen Zwang beispielsweise WIP-Limits direkt im Tool zu pflegen und mit Regeln zu steuern. Nur weil ein IT-Tool diese Funktionalität anbietet, bedeutet dies nicht, dass diese prinzipiell auch zielgerichtet eingesetzt wird.

Prinzip 3 sollte nicht nur innerhalb des KANBAN-Teams, sondern eben auch in angrenzenden Bereichen Anwendung finden. In der Organisation wird es bestehende Abläufe, Regeln und Verantwortlichkeiten für die Auswahl und den Betrieb von IT-Systemen geben. Diese werden respektiert und nicht für KANBAN außer Kraft gesetzt. *Sind für die Auswahl und den Betrieb von IT-Tools Rahmenbedingungen vorgegeben? Gibt es im Unternehmen festgeschriebene Regeln für z. B. Datenspeicherung und Sicherheit. Muss das Tool SaaS sein oder installiert werden?*

Für die Auswahl und auch den Auswahl-Prozess ist entscheidend, wie die langfristige Ausrichtung ist. *Soll das Tool nur kurzfristig für die Arbeit in einem Team eingesetzt werden oder soll die Lösung für das gesamte Unternehmen genutzt werden. Liegt der Fokus bei KANBAN oder sollen auch andere agile, hybride und klassische Methoden eingesetzt werden? Sollen nur Projekte und Teams oder ganze Portfolios gesteuert werden. Benötigt man weitere Funktionalitäten zur Stärkung der Zusammenarbeit und möchte man dieses in einer Plattform vereinen?*

Auf Basis dieser Fragen lässt sich die Tool-Auswahl recht gezielt einschränken. Für die Auswahl eines reinen KANBAN-Tools für die Nutzung durch ein Team wird kein aufwändiger Auswahl-Prozess notwendig sein. Das Angebot der Tools in der Cloud, die kostenfreien Versionen bzw. Testversionen und einfache Bedienbarkeit schaffen geringe Hürden für den Einstieg. Die Betrachtung von zwei bis drei Kandidaten und eine einfache Bewertung mit Hilfe eines Anwendungsfalls schaffen eine Grundlage für eine gute erste Auswahl.

Wird nach einer langfristigen Lösung gesucht, die auch andere Bereiche oder sogar die gesamte Organisation betreffen, wird ein aufwendigerer Auswahl-Prozess erforderlich sein. Die Preismodelle wirken transparent und einfach und auch auf den ersten Blick nicht besonders hoch. Multipliziert man jedoch die monatlichen Beträge für einen größeren Teil der Organisation, kann ein beachtlicher Betrag zusammenkommen. Daneben rücken hierbei Aspekte der Sicherheit und Integration stärker in den Fokus. Durch die weitreichendere Funktionalität werden auch eine Spezialisierung bei der Konfiguration sowie entsprechende Schulungs-Maßnahmen notwendig.

Die Auswahl von Software ist kein einfacher Prozess und sollte strukturiert vorgenommen werden. Ich habe in meinen Projekten eine Reihe von Software-Auswahl-Prozessen beobachtet und begleitet und vielfach erschreckende Beispiele gesehen. Das IT-Tool wurde nicht zum Werkzeug, sondern fast zur Sache selbst. In langwierigen Prozessen wurde analysiert und verhandelt. Das Ergebnis war leider oft, dass Zeit und Ressourcen, die für die Problem-Lösung hätten genutzt werden können, in einer langen Auswahl verlorengegangen sind.

Diese Form der Anbieter-Auswahl passt nicht zu KANBAN. Hier gilt es überlegt, aber schnell eine passende Lösung zu finden. Die meisten Anbieter vereinfachen dies durch übersichtlichere Lizenzmodelle mit einer hohen Skalierbarkeit, dem Angebot der Software als Service sowie vereinfachten Einführungsmodellen.

In der heutigen Zeit ist die Nutzung eines Tools nicht mehr für Jahrzehnte ausgelegt. Software wird solange genutzt, wie diese den erwünschten Nutzen stiftet und es nichts zwingend Besseres am Markt gibt.

Reflexionsfragen Kapitel 8

Frage
Welche Tools haben Sie bisher für Ihre Projekte und Prozesse genutzt?
Welche Grundfunktionalitäten von KANBAN sind aus Ihrer Sicht besonders wichtig?
Welche Grundfunktionalitäten von KANBAN werden nicht benötigt?
Welche zusätzlichen Funktionalitäten würden Ihren Arbeitsalltag unterstützen?
Welche Erfahrungen haben Sie mit der Auswahl von Software gemacht?

9. Nutzen von KANBAN: Die Veränderungen sehen

KANBAN bringt Änderungen auf allen Ebenen der Organisation mit sich. Zusammenfassend wird hier ein Blick auf einige Beziehungen und Einflüsse von KANBAN auf die Organisation geworfen. KANBAN kann in sehr unterschiedlichen Szenarien eingesetzt werden. Je nach Szenario verändert sich auch der Einfluss auf die Organisation.

9.1. Strategie

Die Ausrichtung von Organisationen unterliegt einem Wandel. Die grundlegende Ausrichtung verschiebt sich von der finanziellen Perspektive auf die Betrachtung von Innovation, Kunden, Mitarbeitern und Umwelt. Diese sind in fast jeder Strategie zu finden und müssen berücksichtigt werden.

KANBAN kann einen Teil zum Erreichen der strategischen Ziele beitragen. Dies wird am folgenden Auszug aus Strategie von Volkswagen beispielhaft veranschaulicht: *„Für nachhaltigen Erfolg benötigen wir kompetente und engagierte Mitarbeiter. Ihre Zufriedenheit und Motivation wollen wir durch Chancengleichheit, ein attraktives und modernes Arbeitsumfeld sowie eine zukunftsfähige Arbeitsorganisation fördern."* [234] Hiermit wird der Umgang mit neuen Formen der Arbeitsorganisation klar innerhalb der Strategie verankert. KANBAN kann ein Bestandteil einer zukünftigen Arbeitsorganisation bilden, in dem Mitarbeiter zufrieden sind und motiviert arbeiten. Hierin wird auch die Verknüpfung zwischen der strategischen Ebene und der Ebene des Individuums deutlich.

Zusammenarbeit, die durch KANBAN gestärkt wird, bildet den Schlüssel für die Schaffung von Innovation. KANBAN unterstützt aber auch die Kunden-Perspektive. Durch die Ausrichtung der Prozesse auf den Kunden und die Bereitstellung der notwendigen Services, kann KAN-

---

234 Volkswagen AG, Strategie TOGETHER 2025⁺: Shaping mobility – for generations to come., 2020, https://www.volkswagenag.com/de/group/strategy.html, zuletzt aufgerufen im Februar 2021.

BAN einen Beitrag dazu leisten, die Kundenzufriedenheit zu steigern. Betrachtet man den Einsatz in Projekten und Prozessen kann durch KANBAN ebenfalls die Effizienz erhöht werden. Damit werden auch die finanziellen Ziele abgedeckt.

In Summe der Änderung der Individuen, der Interaktion und Führung entstehen auch neue Werte. Die in Kapitel 5 aufgeführten Werte, schaffen eine neue Kultur. Die veränderte Kultur hat einen deutlichen Einfluss auf die Strategie. Die Wirkung und Bedeutung der Kultur wird durch ein Zitat von Peter Drucker, welches in Management-Kreisen seine Zustimmung findet, gut dargestellt: „*Culture eats strategy for breakfast*." KANBAN kann helfen, Strategie und Kultur in Einklang zu bringen und damit einen Beitrag zur Umsetzung der Strategie zu leisten.

9.2. Führung und Entscheidung

KANBAN ändert die Art und Weise, wie bei der täglichen Arbeit Entscheidungen getroffen werden. Die Zuordnung und Gestaltung der Arbeit erfolgen in enger Abstimmung innerhalb des Teams. Entscheidungen werden stärker im Team getroffen. Dies bedingt eine starke Veränderung im Rollenverständnis des Teams und insbesondere der Führung.

Die Führung, die sich bisher damit beschäftigt hat, Arbeit zu planen, zuzuordnen und das Erledigte zu kontrollieren und den Status zusammenzufassen, bekommt neue Möglichkeiten. Dies führt auf dieser Ebene zu einer starken und nicht zu unterschätzenden Umstellung.

Führung kann sich wieder auf die wesentlichen Aufgaben konzentrieren. Aufgabe der Führung ist es, die geeigneten organisatorischen Rahmenbedingungen zu gestalten. Rahmenbedingungen, die es ermöglichen, etwas Neues zu schaffen. Der schöpferische Prozess liegt dabei nicht bei der Führung. Dieser liegt in der Zusammenarbeit. Die Führung liefert den Zündfunken.[235]

---

235 Stefan Kühl, (Hg.), *Schlüsselwerke der Organisationsforschung*, Wiesbaden: Springer VS, 2015, S. 78.

Führung hat die Aufgabe, die bevorstehenden Veränderungen zu gestalten. Führung die nichts verändert, ist wirkungslos. KANBAN zielt von seinen Grundprinzipien her auf eine evolutionäre Veränderung. Damit stellt KANBAN eine Methode bereit, die der Führung eine nachhaltige Entwicklung ermöglicht. Führung muss dazu einladen, ermutigen und inspirieren.[236]

---

236 Gerald Hüther, *Die Wiedererweckung von Intentionalität und Co-Kreativität*, 2019, https://www.youtube.com/watch?v=66aQoRIF-eQ, zuletzt aufgerufen im Februar 2021.

9.3. Prozess

Das KANBAN-System wird, entlang des Flusses der Arbeit, die Prozesses so gestalten, wie diese wirklich ablaufen sollten. Die wesentlichen Schritte werden herausgearbeitet. KANBAN hilft dadurch, Prozesse zu leben und auch nachhaltig zu entwickeln.

Bei der Arbeit mit KANBAN ist der Prozess immer gegenwärtiger Teil der täglichen Arbeit. Auf dem KANBAN-Board wird der Stand visualisiert und Abweichungen können direkt identifiziert werden. Durch die festgelegten Kennzahlen erfolgen eine durchgängige Messung und Steuerung. Der Einbezug der kontinuierlichen Verbesserung durch Retrospektiven und gezielte Analysen ermöglicht eine evolutionäre Entwicklung des Prozesses, die dann auch zu einer anhalten Wirkung führt.

Der Einsatz von KANBAN hat einen klaren Fokus auf die Prozesse der Wissensarbeit. Bei der Betrachtung von Geschäftsprozessen in Organisationen kann leicht die Sichtweise entstehen, dass primäre Wertschöpfungsprozesse und deren Gestaltung die höchste Bedeutung haben. Dieser Ansatz wurde und wird auch weiterhin in der Praxis verfolgt. Das Ergebnis ist, dass primäre Wertschöpfungsprozesse ein hohes Maß an Standardisierung und Effizienz aufweisen. Hier sind an vielen Stellen zunächst die Limits für Verbesserung erreicht bzw. weitere Automatisierung ist zu kostenintensiv. Vergleichbare Maßnahmen für Prozesse der Wissensarbeit waren an vielen Stellen kontraproduktiv. Es wurden Strukturen geschaffen, die die Menschen und ihre Kreativität eher einschränken, als diese zu fördern.

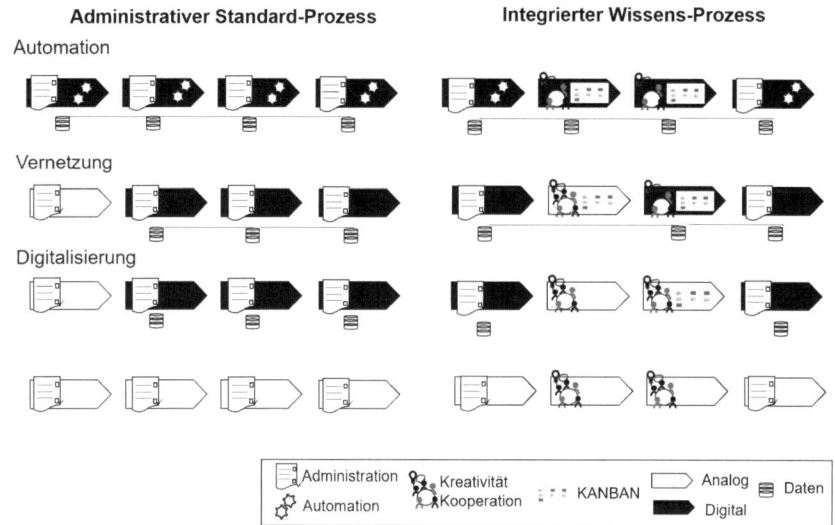

Abbildung 75: Prozess-Entwicklung im Rahmen der Digitalisierung (Eigene Darstellung)

Der Wert innerhalb der Organisation wird heute und in Zukunft weit mehr über kollaborative Prozesse erhöht. Für diese Prozesse müssen im digitalen Umfeld die Rahmenbedingungen geschaffen werden. Das KANBAN-System beinhaltet wichtige Elemente zur Gestaltung der notwendigen Rahmenbedingungen. Weitere Elemente – wie die Aufbereitung und Bereitstellung von Informationen, gemeinsame Arbeit an Dokumenten oder die zielgerichtete Einbindung von Kommunikations-Kanälen – müssen mit in die Prozesse eingebunden werden. Die Prozesse der Wissensarbeit werden in die digitale Entwicklung integriert. In Abbildung 75 wird schematisch die Entwicklung eines administrativen Standard-Prozesses und einem integrierten Wissens-Prozess gegenübergestellt.

Administrative Standard-Prozesse sind heute zu großen Teilen digitalisiert und auch integriert. In den nächsten Jahren wird die Automatisierung dieser Prozesse weiter vorangetrieben. Daneben wird, im Internet der Dinge, die Vernetzung auf weitere Elemente wie Maschinen oder Produkte ausgedehnt. Die Digitalisierung wird weitere Automatisierung hin zu selbststeuernden, vernetzten Prozessen bringen.

Die Digitalisierung bei integrierten Wissensprozessen ist deutlich weniger vorangeschritten und weniger vernetzt. KANBAN kann hier ein Bindeglied für die Digitalisierung und damit auch Einbindung von automatisierten und administrativen Prozessen werden.

9.4. Interaktion

Durch KANBAN wird die Art und Weise, wie innerhalb des Teams und an definierten Grenzen kommuniziert wird, verändert. Für die Kommunikation werden klare Regeln festgelegt. Letztendlich gibt das KANBAN-System nicht nur den Fluss der Arbeit, sondern auch den Fluss der Information vor.

Taiichi Ōno hinterfragte – schon vor dem massiven Einzug der Informationstechnologie: „Ist es wirklich wirtschaftlich, mehr Informationen zu liefern, als wir brauchen, und schneller, als wir sie benötigen?"[237] Die ständige Verfügbarkeit und der einfache Austausch von Informationen macht neue Regeln notwendig.

Kommunikation bedarf eines kontinuierlichen zielgerichteten Ablaufs. So werden z. B. bei KANBAN in täglichen Meetings alle wesentlichen Punkte für den Tag geklärt. Fragen oder kritische Punkte können in dieser Form schnell und einfach, ohne eine Flut an E-Mails oder langen Meetings geklärt werden.

Der Einfluss von außen mit möglichen, neuen Anforderungen, neuen Prioritäten oder ähnlichem wird nach klaren Regeln gesteuert. Lästiges Nachfragen, Druck machen oder Ähnliches wird auf diesem Wege eingeschränkt. Die Information über den Fluss der Arbeit ist den Beteiligten über das KANBAN-Board ersichtlich.

KANBAN dient dazu, nutzenstiftende Kommunikation zu fördern, die gemeinsame Suche nach Lösungen, die

237 Taiichi Ōno, *Das Toyota-Produktionssystem,* 3. Auflage Frankfurt/M.: Campus Verl., 2013, S. 86.

Schaffung von Innovation oder vielleicht auch nur etwas, was das Team zusammenbringt, zu fördern. Denn erlebte Unterstützung von anderen hilft dabei, mit Belastungs- und Stresssituationen besser umzugehen. Selbst, wenn der Stressor nicht beseitigt werden kann, wirkt die Unterstützung wie ein „Puffer".[238]

Betrachtet man die Einsatzbereiche von KANBAN, wird deutlich, dass hier vielfach eine interdisziplinäre und internationale Zusammenarbeit notwendig ist. KANBAN besteht aus einfachen, verständlichen Regeln, einer einfachen Sprache der Zusammenarbeit. Diese wird im Team erarbeitet, reflektiert und weiterentwickelt. Hierdurch wird die Zusammenarbeit in vielfältigen Teams, international und interdisziplinär, gefördert.

KANBAN setzt an den zentralen Punkten im Bereich Kommunikation an, dem offenen Umgang mit kritischen Themen, der wertschätzenden Kommunikation zwischen Führungskräften und Mitarbeitern und der Etablierung einer Feedbackkultur.[239]

---

238 Heinz Schuler, (Hg.), *Lehrbuch Organisationspsychologie,* 2. Auflage Bern: Huber, 1995, S. 332.

239 Eilers, S., Möckel, K., Rump, J., et al., *HR-Report 2015/2016: Schwerpunkt Kultur,* 2016, https://www.hays.de/documents/10192/118775/hays-studie-hr-report-2015-2016.pdf/8cf5aee3-4b99-44b5-b9a9-2ac6460005da, zuletzt aufgerufen im Februar 2021.

9.5. Individuum

KANBAN ist kein Automatismus, der die Arbeit in Fluss versetzt und damit auch einen individuellen Flow für das Individuum erzeugt. Die Einführung von KANBAN beinhaltet aber eine Reihe von Merkmalen, die sich positiv auf die Motivation und Leistung auswirken.

Mit dem Board werden die Aufgaben für das gesamte Team übersichtlich dargestellt. Hierdurch kennt das Team die Aufgaben und kann eine gezielte Zuordnung vornehmen und damit auch für eine notwendige Abwechslung sorgen.

Die Zerteilung der Arbeit führt dazu, dass das Gesamtbild und der Grund der Aufgaben verloren gehen kann. Die Folge kann ein Rückgang der Motivation sein. Im KANBAN-System ist sowohl die Zerlegung als auch der Bearbeitungsstatus transparent. KANBAN führt im Bereich die Gesamtaufgabe zusammen und gibt allen Team-Mitgliedern mit einem Blick auf das KANBAN-Board Antworten auf die Fragen: *Was machen wir und warum machen wir das? Was haben wir erreicht und was war mein Beitrag dazu?*

Eine Grundfunktion von KANBAN ist schnelles und direktes Feedback, sowohl aus dem Team als auch von der Führung. Dies bedeutet, dass Abweichungen bei Überforderung und Unterforderung schnell identifiziert werden. Hiermit wird die Möglichkeit geschaffen zeitnah und zielgerichtet gegenzusteuern. Damit kann die gewünschte Flow-Situation erzeugt werden.

Einige Einflüsse, die KANBAN auf das Individuum haben kann, sind in Abbildung 76 zusammengefasst.

KANBAN ändert nicht die Haltung des Individuums. Diese innere Einstellung wurde durch langjährige Erfahrungen aufgebaut und kann nicht durch einfach Maßnahmen oder eine Methode verändert werden. [240] KANBAN schafft aber einen Rahmen, im Team über neue positive Erfahrungen zu sprechen, die die Haltungen positiv zu beeinflussen.

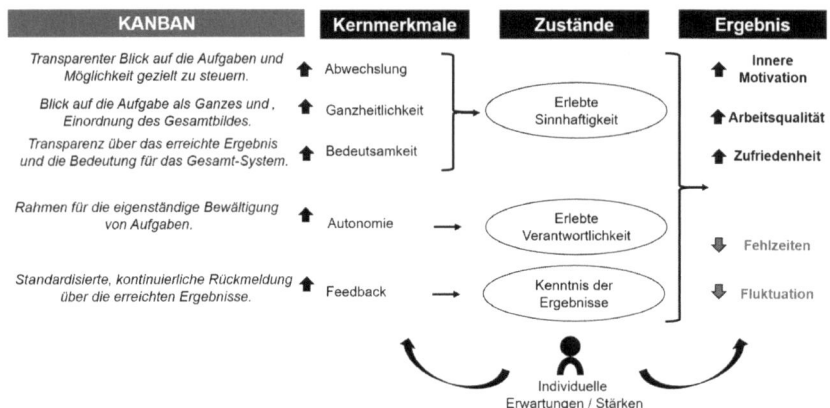

Abbildung 76: Einfluss von KANBAN
(Eigene Darstellung in Anlehnung an Hackman und Oldham) [241]

240 Gerald Hüther, D*ie Wiedererweckung von Intentionalität und Co-Kreativität*, 2019, https://www.youtube.com/watch?v=66aQoRIF-eQ, zuletzt aufgerufen im Februar 2021.

241 J. R. Hackman & Greg R. Oldham, *Motivation through the Design of Work: Test of a Theory*, ORC; ANIZATIONAL BEHAVIOR AND HUMAN PERFORMANCE, no. 16 (1976): S. 256, http://www.dtic.mil/docs/citations/ADA009331, zuletzt aufgerufen im Februar 2021.

9.6. Projekt

KANBAN kann, wie in Kapitel 7 gezeigt wurde, in unter-schiedlichsten Projekten eingesetzt werden. Innerhalb von unterschiedlichen Projektmanagement-Ansätzen und Vorgehensmodellen kann KANBAN genutzt werden, um die Strukturierung der Arbeit und die Zusammenar-beit zu verbessern. Es entstehen hybride Ansätze für das Projektmanagement. „Als hybrides Projektmanagement wird die Nutzung von Methoden, Rollen, Prozessen und Phasen unterschiedlicher Standards oder Vorgehensmo-delle bezeichnet."[242] Die Gestaltung kann individuell für ein Projekt, als Standard für eine Projekt-Kategorie oder Baukasten erfolgen. In Abbildung 77 sind einige Optionen für den Einsatz von KANBAN dargestellt.

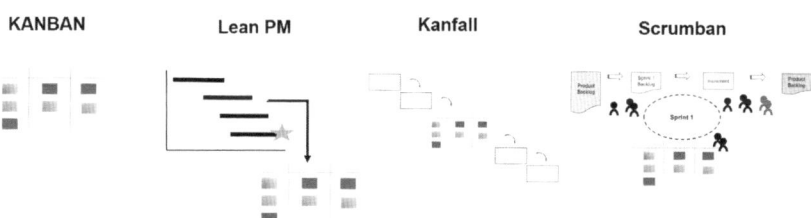

Abbildung 77: Optionen Nutzung von KANBAN in Projekten
(eigene Darstellung)

KANBAN eignet sich für bestimmte Projektformen durch-aus als zentrale Methodik. Der Einsatz kann aber auch mit plangetriebenen Ansätzen und Vorgehensmodellen

242 Holger Timinger, *Modernes Projektmanagement: Mit traditionellem, agilem und hybridem Vorgehen zum Erfolg*, Weinheim: Wiley-VCH, 2017 S. 241

kombiniert werden. Im Lean Project Management erfolgt die grobe Planung und Terminierung mit traditionellen Methoden und liefert den Input für die Arbeit im Team mit KANBAN. In der Kombination mit einem Modell wie dem Wasserfall können Schritte, wie z. B. Design und Entwicklung, zusammengefasst und mit KANBAN abgebildet werden. In der Kombination mit Scrum wird KANBAN zur gezielten Bearbeitung des Backlog genutzt.

KANBAN hilft, egal in welcher Konstellation, bei der Etablierung einer neuen Form der Projektarbeit, in der der Fokus auf das Team und dessen Zusammenarbeit gerichtet ist. Um Projektarbeit zu stärken, sollte der Charakter von Teamarbeit für Wissensarbeit neu ausgerichtet werden. Teamarbeit sollte nicht mehr durch die Zuweisung von Tätigkeiten durch den Projektleiter erfolgen. Es sollte eine Organisation geschaffen werden, die sich als Einheit versteht und arbeitet. Dies sollte ein gleichberechtigtes Arbeiten ohne Autoritäten und direkten Vorgesetzten ermöglichen.[243]

---

243 Prof. Dr. Sibylle Peters, Prof. Dr. Jörg v. Garrel, Prof. Dr. Hans-Liudger Dienel & Dipl.-Geogr. Ansgar Düben, *Wissensarbeit und der souveräne Umgang mit Arbeitszeit in Projekten*, 2016 , S. 46.

Reflexionsfragen Kapitel 9

Frage
Wie kann KANBAN in die Strategie Ihrer Organisation eingebunden werden?
Welche Auswirkungen auf die Führung sehen Sie durch KANBAN?
Schätzen Sie, dass KANBAN Ihnen hilft, Ihre Prozesse effizienter zu gestalten?
Wie wird sich die Interaktion durch KANBAN in Ihrem Team verändern?
Welchen persönlichen Nutzen sehen Sie durch den Einsatz von KANBAN?
Wie ändert KANBAN die Art, wie Sie Projekte durchführen?

An dieser Stelle konnte ich nur eine Reihe von Auswirkungen von KANBAN auf die Organisation skizzieren. Inwieweit diese eintreffen, hängt natürlich von den spezifischen Rahmenbedingungen und auch gewissermaßen vom Vorgehen bei der Einführung ab.
Einen Punkt konnte ich hoffentlich herausarbeiten. Die Vorteile von KANBAN werden meist größer sein als die Nachteile oder: Es ist vielversprechender KANBAN zu nutzen, als einfach weiterzumachen.

10. KANBAN:
Das Wichtigste mitnehmen

Es wurde mit der Organisation und der Beschreibung der Ebenen das Umfeld gezeigt, in dem KANBAN eingesetzt wird und auch welche Effekte auf den unterschiedlichen Ebenen entstehen können.

Einzelne Stationen bei der Entwicklung von Kanban wurden vorgestellt. Es wurde deutlich, welche Verknüpfungen bei den unterschiedlichen Konzepten bestehen, aber auch, welche Unterschiede vorliegen. Von den Anfängen des Projektmanagements bis hin zum Einsatz von agilen Methoden geht es darum, Arbeit besser zu machen.

Mit Kanban wurde ein Konzept mit hohem Potential zur Verbesserung der Arbeit innerhalb von IT-Organisationen vorgestellt. Der Ansatz von David Anderson hat viel Beachtung gefunden und ist weltweit vielfach erprobt. Meist ist das Board eines der dominanten Elemente. Doch vielfach sind auch vollständige Systeme und die entsprechende Philosophie umgesetzt.

Ausgehend von den Ansätzen von Kanban, mit dem Schwerpunkt der Nutzung innerhalb von IT-Organisationen, wurde mit KANBAN ein allgemeingültiger Rahmen für die Einführung im Rahmen von Projekten und Prozessen skizziert. Der allgemeingültige Ansatz lässt sich auf eine Reihe von Anwendungen übertragen. Aus den vielseitigen Anwendungsmöglichkeiten wurden Beispiele vorgestellt. Hier wurde aufgezeigt, wie unterschiedliche Einsatzszenarien von KANBAN gestaltet werden können und welcher Nutzen daraus resultiert.

Der Ausbreitung der Digitalisierung kann auch KANBAN unterstützen. Gerade der Einsatz des analogen Boards verfügt über einen gewissen Charme in der durchdigitalisierten Welt. Die Vorzüge und Möglichkeiten von KANBAN-Tools sollten aber nicht vernachlässigt werden. Der Markt bietet hier für unterschiedliche Anwendungsbereiche und Anforderungen interessante Möglichkeiten, die aufgezeigt wurden, um die Auswahl zu vereinfachen.

KANBAN ist eine Methode, in der eine Reihe von guten Ideen, die die Arbeit positiv beeinflussen können, zusammenfasst sind.

Visualisierung ist ein Element, welches einen positiven Einfluss zeigt. Es hilft Teams, den Kunden und anderen Stakeholdern auf einfache Weise zu vermitteln, wie die Arbeit läuft, wie der Status ist oder wo es eben auch hakt. Das Verständnis der Ganzheitlichkeit einer Tätigkeit und auch Bedeutung kann durch entsprechende Strukturen veranschaulicht werden.

Multitasking sollte kritisch betrachtet werden. Die Begrenzung von **Work in Progress** und die damit verbundenen Effekte auf die Durchlaufzeit, aber auch die Zufriedenheit der Mitarbeiter sind eine vielversprechende Alternative zum kontinuierlichen Start von neuen Aufgaben. *„Stop starting, start finishing!"*[244] Dies ist eine gute Zusammenfassung eines weiteren Aspektes. Es geht auch darum, einfach mal fertig zu sein. Einen Moment für andere Dinge frei zu haben oder vielleicht auch die Ergebnisse zu feiern.

Work in Progress stellt eine Quelle für Verschwendung innerhalb der Wissensarbeit dar. Analysen, die nicht abge-

---

244 Mike Burrows, Florian Eisenberg & Wolfgang Wiedenroth, *Kanban: Verstehen, einführen, anwenden*, 1. Auflage, Heidelberg: dpunkt.verlag, 2015, S. 8.

schlossen werden, Konzepte, die in der Schublade liegen und nicht genutzt werden, Lerneinheiten, die nicht vollständig abgeschlossen werden, usw. Die Liste lässt sich in vielen Bereiche fortführen. Ein gemeinsames Verständnis, wie ein sinnvolles Maß an Arbeit gestaltet wird, ist hierbei wesentlicher als starre Limits.

Hierzu ist ein weiterer Punkt der **Rhythmus**. Kunden und Team müssen verinnerlichen, dass durch ein gemeinsames Tempo, in dem die Züge synchron erfolgen, insgesamt die besten Ergebnisse erzielt werden. Dies fördert eine nachhaltige Entwicklung der Organisation, im Gegensatz zu kurzfristigen Erfolgen, wie durch die Sprints von einzelnen.

Das **Pull-Prinzip** wirkt sehr einfach und wird leicht übergangen, stellt aber den Schlüssel für den Fluss der Arbeit dar. Das Pull-Prinzip in Kombination mit den WIP-Limits sorgt dafür, dass es nicht zu einem „Überlauf" an Arbeit kommt. Daneben schafft das Pull-Prinzip die Selbstbestimmung im Team.

Herausragende Ergebnisse in der Wissensarbeit können nur **gemeinschaftlich** im Team erzielt werden. Es müssen Rahmenbedingungen geschaffen werden, die es dem Individuum erlauben, sich darzustellen und die Erfahrungen einzubringen und auf ein gemeinsames Ziel zu steuern. Hier sind insbesondere **Meeting-Strukturen und Kulturen** gefragt, die dies unterstützen.

In der Produktion hat sich die **kontinuierliche Verbesserung** seit langem durchgesetzt. In der Wissensarbeit hinkt diese Entwicklung in vielen Bereichen hinterher. Die Verbesserung liegt entweder nicht im Fokus oder es wird direkt mit revolutionären Konzepten versucht, Veränderungen herbeizuführen. Ähnlich wie im Produktionsumfeld muss eine Mentalität des Hinterfragens und schnellen Umsetzens von Maßnahmen erfolgen.

Es geht darum, für Prozesse und Projekte ein **System** zu etablieren, welches klare Strukturen schafft, aber auch die Agilität besitzt, sich auf die kontinuierlichen Veränderungen einzurichten und sich weiterzuentwickeln. Unter kollaborativer Führung, mit optimierten Prozessen, gelingt es, die Ziele zu erreichen.

Die Einführung von KANBAN kann ein Schritt sein, die Zukunft der Arbeit mit **evolutionären Veränderungen** zu gestalten. In der Wissensarbeit wird mit weiterentwickelten **Werten** eine neue Form der Zusammenarbeit geschaffen. Dies startet mit kleinen Schritten und hat dann das Potential, sich in die gesamte Organisation auszubreiten.

Frage
Was sind die drei Kernpunkte, die Sie von KANBAN mitnehmen?
Welche Elemente von KANBAN finden Sie nützlich?
Welche Elemente von KANBAN finden Sie weniger nützlich?
Wie wird Ihr erster Anwendungsfall aussehen?

Bleibt eine Frage zum Schluss. Habe ich dieses Buch mit Hilfe von KANBAN geschrieben? Die Antwort ist: Nein! Ich habe es überlegt und es hätte an einigen Stellen auch sicherlich geholfen, Teile fertigzustellen, die Kommunikation mit der Redaktion zu verbessern und Termine zu halten.

Ich habe mich bewusst dagegen entschieden. Der Teil der Zusammenarbeit bei der Erstellung ist gering. Aus meiner Erfahrung weiß ich, wie ich arbeite. Beim Schreiben möchte und kann ich nicht Seite nach Seite und Kapitel für Kapitel schreiben, sondern möchte einen kreativen Prozess, der es mir ermöglicht, meine Ideen einzubringen. Für mich war, das Schreiben dieses Buches nicht der richtige Standort.

Ich hoffe, Sie finden den richtigen Standort. Wie ich hoffentlich vermitteln konnte, gibt es viele lohnende Möglichkeiten mit KANBAN in Projekten und Prozessen die Arbeit schrittweise zu verändern.

Bibliography

Ōno, Taiichi. *Das Toyota-Produktionssystem*. 3. Auflage, Frankfurt/M.: Campus Verl., 2013.

Anderson, David J., *Kanban: Evolutionäres Change Management für IT-Organisationen*. Heidelberg: dpunkt-Verl., 2011.

Anderson, David J., *The Kanban Lens. David J Anderson School of Management*, 2013. https://djaa.com/the-kanban-lens/, zuletzt aufgerufen im Februar 2021.

Anderson, David J., *Scrumsplaining #1: Kanban is Scrum Without Sprints*, 2016, https://djaa.com/scrumsplaining-1-kanban-is-scrum-without-sprints/, zuletzt aufgerufen im Februar 2021.

Anderson, David J. & Carmichael, Andy, *Die Essenz von Kanban kompakt*. Heidelberg: dpunkt.verlag, 2018.

Appelfeller, Wieland & Feldmann, Carsten, *Die digitale Transformation des Unternehmens: Systematischer Leitfaden mit zehn Elementen zur Strukturierung und Reifegradmessung*. 1. Auflage Berlin, Heidelberg: Springer Berlin Heidelberg, 2018.

asana, 2020. https://asana.com/de, zuletzt aufgerufen im Februar 2021.

Atlassian. https://www.atlassian.com/de/software/jira/features, zuletzt aufgerufen im Februar 2021.

Atlassian, *Trello*. https://trello.com/, zuletzt aufgerufen im Februar 2021.

Atlassian, *Unternehmen*, 2020. https://www.atlassian.com/de/company, zuletzt aufgerufen im Februar 2021.

Bamberger, Ingolf & Wrona, Thomas, *Strategische Unternehmensberatung: Konzeptionen – Prozesse – Methoden*. 6. Auflage Wiesbaden: Gabler Verlag, 2012.

Bayer, Franz & Kühn, Harald, *Prozessmanagement für Experten: Impulse für aktuelle und wiederkehrende Themen*. 1. Auflage Berlin, Heidelberg: Springer Berlin Heidelberg, 2013.

Beck, Kent, Beedle, Mike, van Bennekum, Arie, Cockburn, Alistair, Cunningham, Ward, Fowler, Martin, Grenning, James, Highsmith, Jim, Hunt, Andrew, Jeffries, Ron, Kern, Jon, Marick, Brian, Martin, Robert C., Mellor, Steve, Schwaber, Ken, Sutherland, Jeff & Thomas, Dave, *Manifest für Agile Softwareentwicklung*, 2001, http://agilemanifesto.org/iso/de/manifesto.html, zuletzt aufgerufen im Februar 2021.

Benson, Jim & Barry, Tonianne DeMaria. *Personal Kanban: Visualisierung und Planung von Aufgaben, Projekten und Terminen mit dem Kanban-Board*. Heidelberg: dpunkt.verl., 2012.

Bertagnolli, Frank. *Lean Management: Einführung und Vertiefung in die japanische Management-Philosophie*. 1. Auflage Wiesbaden: Springer Fachmedien Wiesbaden, 2018.

Bezos, Jeffrey, Amazon: *Letter to Shareholders 2016*, https://ir.aboutamazon.com/annual-reports/, zuletzt aufgerufen im Februar 2021.

Biffl, Stefan, *37th EUROMICRO Conference on Software Engineering and Advanced Applications (SEAA), 2011: Aug. 30, 2011 – Sept. 2, 2011, Oulu, Finland ; proceedings*. Piscataway, NJ: IEEE, 2011.

Bitkom, Anzahl empfangener dienstlicher E-Mails pro Tag im Durchschnitt in Deutschland in ausgewählten Jahren von 2011 bis 2018, 2018, https://de.statista.com/statistik/daten/studie/328293/umfrage/anzahl-der-empfangenen-dienstlichen-e-mails-pro-tag-in-deutschland/, zuletzt aufgerufen im Februar 2021.

Bitrix inc. https://www.bitrix24.com/, zuletzt aufgerufen im Februar 2021.

Brugger-Gebhardt, Simone. *Die DIN EN ISO 9001:2015 verstehen: Die Norm sicher interpretieren und sinnvoll umsetzen*. 2. Auflage Wiesbaden: Springer Fachmedien Wiesbaden, 2016.

Brunner, Franz J., *Japanische Erfolgskonzepte: KAIZEN, KVP, Lean Production Management, Total Productive Maintenance, Shopfloor Management, Toyota Production System, GD3 – Lean Development*. München: Hanser, 2017.

Burrows, Mike, Eisenberg, Florian & Wiedenroth, Wolfgang. *Kanban: Verstehen, einführen, anwenden.* 1. Auflage Heidelberg: dpunkt.verlag, 2015.

Business Roundtable. *Statement on the Purpose of a Corporation,* 2019, https://opportunity.businessroundtable.org/ourcommitment/, zuletzt aufgerufen im Februar 2021.

capterra. *Kanban Tools, 2020,* https://www.capterra.com.de/directory/31580/kanban-tools/software, zuletzt aufgerufen im Februar 2021.

Christophe Achouiantz & Johan Nordin. T*he Kanban Kick-start Field Guide: Create the Capability to Evolve,* 2013.

Csikszentmihalyi, Mihaly. *Flow and the foundations of positive psychology: The collected works of Mihaly Csikszentmihalyi.* Dordrecht, Ann Arbor, Michigan: Springer; ProQuest, 2014.

Eilers, S., Möckel, K., Rump, J., et al. *HR-Report 2015/2016: Schwerpunkt Kultur,* 2016, https://www.hays.de/documents/10192/118775/hays-studie-hr-report-2015-2016.pdf/8cf5aee3-4b99-44b5-b9a9-2ac6460005da, accessed February 2020, zuletzt aufgerufen im Februar 2021.

Eliyahu M. Goldratt & Dwight Jon Zimmerman. *Das Ziel: eine Business-Graphic-Novel / Eliyahu M. Goldratts ; aus dem Englischen von Joe Paul Kroll.* Frankfurt, New York: Campus Verlag, 2018.

Fischermanns, Guido, *Praxishandbuch Prozessmanagement: Das Standardwerk auf Basis des BPM Framework ibo-Prozessfenster®.* Gießen: Schmidt, 2015.

Frey, Carl B. & Osborne, Michael A. *The Future of Employment: HOW SUSCEPTIBLE ARE JOBS TO COMPUTERISATION?* Oxford: Oxford Martin Programme on Technology and Employment.

GPM Deutsche Gesellschaft für Projektmanagement e.V., *Makroökonomische Vermessung der Projektwirtschaft,* 2015.

Hackman, J. R. & Oldham, Greg R., *Motivation through the Design of≈Work: Test of a Theory. ORC; ANIZATIONAL BEHAVIOR AND*

HUMAN PERFORMANCE, no. 16 (1976): S. 250–279. http://www.dtic.
mil/docs/citations/ADA009331, zuletzt aufgerufen im Februar 2021.

Hochschule Augsburg, *Wie viel Prozent Ihrer Arbeitszeit verbringen
Sie in Meetings?*, 2018. https://de.statista.com/statistik/daten/
studie/954463/umfrage/umfrage-zum-anteil-von-meetings-an-der-
arbeitszeit/, zuletzt aufgerufen im Februar 2021.

Hüsselmann, Claus, *Das Unified Project Management Framework: Ein generischer Prozessrahmen für Projekte*, 2021.

Hüther, Gerald. *Die Wiedererweckung von Intentionalität und
Co-Kreativität*, 2019, https://www.youtube.com/
watch?v=66aQoRlF-eQ, zuletzt aufgerufen im Februar 2021.

International Group of Controlling, ed. *Controlling-Prozessmodell: Ein Leitfaden für die Beschreibung und Gestaltung von
Controlling-Prozessen*. Freiburg: Haufe, 2011.

ISO. *ISO Survey 2018 results: Number of certificates and sites per
country and the number of sector overall*, International Organization
for Standardization, 2018. https://isotc.iso.org/livelink/livelink?func=ll
&objId=18808772&objAction=browse&viewType=1, zuletzt
aufgerufen im Februar 2021.

Jander, Kai, *Agile Business Process Management: Concepts and Tools
for Long-running Autonomous Business Processes*, Hamburg:
Dissertation, 2016.

Kanbanize. https://kanbanize.com, zuletzt aufgerufen im Februar 2021.

Kimball, Ralph & Ross, Margy, *The data warehouse toolkit:
The definitive guide to dimensional modeling*, 2013.

Knöll, Heinz-Dieter, Schulz-Sacharow, Christoph & Zimpel, Michael,
*Unternehmensführung mit SAP BI: Die Grundlagen für eine
erfolgreiche Umsetzung von Business Intelligence – Mit Vorgehensmodell und Fallbeispiel. 1. Aufl.* Wiesbaden: Vieweg+Teubner
Verlag, 2006.

Zugangscode – Kostenfreies e-Book

Gehen Sie auf https://link.cherrymedia.de/EPUB
und geben Sie Ihren Zugangscode ein um Ihr
kostenfreies e-Book herunterzuladen.

44DD-45FW-JDLW

Die Wildgans-Strategie –
Eine Parabel vom Geben und Nehmen

In vielen Unternehmen werden das geschäftliche Geschehen sowie die Arbeitsabläufe noch immer von Konkurrenzdenken und Egoismus dominiert. Obwohl dies schon lange überholt ist und Erkenntnisse vorliegen, dass eine Kooperationskultur die Mitarbeiterzufriedenheit sowie die Produktivität im Unternehmen deutlich steigert, ist der innerbetriebliche Wettbewerb in vielen Unternehmen noch immer an der Tagesordnung. Was eine Kooperationskultur bewirkt und wie das Teamwork nachhaltig verbessert werden kann, das zeigt diese Parabel leicht verständlich anhand des Verhaltens von Vögeln bei einem Wettflug. Die Leserinnen und Leser erfahren, worin der Schlüssel für eine erfolgreiche Personal- und Organisationsentwicklung liegt und wieso ein Geben und Nehmen auch im beruflichen Kontext so wichtig ist.

https://link.cherrymedia.de/WildgansS

Praxisbuch Führungskraft – Bewährte Führungstechniken, Führungsmethoden und Führungsstile für den Praxiseinsatz

In diesem Buch lernen die Leserinnen und Leser, was den „Servant Leader", sprich die „dienende Führungskraft" ausmacht und wieso dieser neue Ansatz nicht nur Abteilungen, sondern ganze Unternehmen voranbringen und konkurrenzfähiger machen kann. Es wird gezeigt, was eine gute Führungskraft auszeichnet und wie die unternehmensinterne Kommunikation verbessert wird – zum Beispiel mithilfe des Kommunikationsquadrats. Die Autorin stellt ihre Big Five Werkzeuge vor, die jede Führungskraft anwenden sollte. Außerdem werden besonders erfolgreiche Mitarbeiter und Führungskräfte befragt, was eine gute Führungskraft auszeichnet. Dank des durchgehenden Bezugs zur Praxis sind die Inhalte nicht nur leicht verständlich, sondern direkt umsetzbar. Nach der Lektüre verfügen die Leserinnen und Leser über das Wissen, ihre Führungsqualitäten zu steigern und Team, Abteilung und Unternehmen erfolgreicher zu machen.

https://link.cherrymedia.de/PraxisbuchF

Achtung, Geld weg! –
Faule Investments, Anlagebetrug und Finanzkrisen

„Der Anleger ist immer der Dumme!" Aber weshalb ist das so und wieso kommen die Banken mit ihren spekulativen Entscheidungen stets davon, während Anleger und Steuerzahler die Zeche für Versäumnisse der Banken zahlen? All diese Fragen beantwortet der Autor Dr. Walter Späth im Rahmen dieses Buches. Er beschreibt verschiedene Betrugsmodelle und zeigt auf, wie sich Anleger auf wirksame Art vor faulen Investments schützen können. Die zehn Gebote der Kapitalanlage und des Kapitalanlageschutzes werden ebenso behandelt, wie die Frage, ob sich heutzutage noch eine Investition in Kryptowährungen, wie den Bitcoin, lohnen. Unter anderem wird auch der Wirecard-Skandal unter die Lupe genommen.

https://link.cherrymedia.de/AchtungGeldweg